玉米种子质量评价手册

Seed Quality Testing and Evaluation Manual of Corn（*Zea mays*）

王建华　主编

中国农业大学出版社
·北 京·

内 容 简 介

本手册以国际种子检验协会的种子检验规程和中华人民共和国国家标准《农作物种子检验规程》为依据，在积累了大批玉米种子活力实际检测经验的基础上，将中国农业大学种子科学与技术中心在玉米种子质量评价中常用的种子生活力、种子活力、种子纯度和真实性等检测技术进行整理和详细的阐述，以便为我国玉米种子质量提升，满足机械化播种对高活力种子的需求，保障玉米播种全苗、壮苗，安全生产提供技术指导和参考。

全书分9章，包括种子净度分析，种子水分测定，种子发芽试验，种子生活力四唑染色测定，人工加速老化、冷冻、冷浸、饱和冷冻、种子浸出液电导率等种子活力测定，玉米种子加工损伤鉴定，玉米品种纯度的分子检测技术，玉米种子真实性的SSR检测技术，玉米种子质量检测常用仪器的操作。内容系统、实用，注重玉米种子检验理论与技术的结合。

本手册既可作为公司检验员的技术指导，也可作为大专院校种子科学与工程专业的实验参考。

图书在版编目(CIP)数据

玉米种子质量评价手册／王建华主编．—北京：中国农业大学出版社，2015.12

ISBN 978-7-5655-1420-3

Ⅰ.①玉…　Ⅱ.①王…　Ⅲ.①玉米－种子－质量检验－技术手册　Ⅳ.①S513.037-62

中国版本图书馆CIP数据核字（2015）第244755号

书　　名　玉米种子质量评价手册

作　　者　王建华　主编

责任编辑　洪重光　　**责任校对**　王晓凤
封面设计　郑　川
出版发行　中国农业大学出版社
社　　址　北京市海淀区圆明园西路2号　　**邮政编码**　100193
电　　话　发行部 010-62731190，2620　　读者服务部 010-62732336
编辑部 010-62732617，2618　　出　版　部 010-62733440
网　　址　http://www.cau.edu.cn/caup　　**E-mail** cbsszs @ cua.edu.cn
经　　销　新华书店
印　　刷　涿州市星河印刷有限公司
版　　次　2016年2月第1版　　2016年2月第1次印刷
规　　格　889×1 194　　16开本　　5印张　　150千字
定　　价　218.00元

编写人员

主　编　王建华

副主编　胡新民　孙　群　赵洪春

编　者　（按姓氏笔画为序）

王建华　王　博　孙　群　李红飞　李旭辉　李　莉

杨丽维　林　衡　胡新民　赵洪春　顾日良

前言

玉米已成为当前我国种植面积最大、总产量最高的第一大作物。据国家统计局统计数据显示，2012年我国玉米种植面积较2011年进一步增加，达到3 468万hm^2（5.2亿亩）；玉米总产量突破2.08亿t，玉米平均单产5.8 t/hm^2（400 kg/亩），再创历史新高。2004—2015年，我国玉米总产量增加了923亿kg，增幅为79.7%，玉米增产对我国粮食增产的贡献率高达58.1%，已经成为我国粮食增产的主力军。

农业生产最大的风险是播下的种子不能够正常出苗，种子活力作为评价种子田间逆境出苗能力的质量指标在国外广泛应用。北美洲官方种子分析者协会（AOSA）将种子活力定义为在广泛的田间条件下，决定种子迅速整齐出苗和长成正常幼苗潜在能力的总称。近年来，玉米机械单粒播种技术在我国发展迅猛。传统的净度、纯度、水分、发芽率等四项种子质量指标难以满足种子企业生产、销售和农业生产机械化单粒播种的质量检测要求。同时，种子活力受种子收获时期、烘干工艺、贮运条件等多个环节影响。科学准确地评价种子活力，对种子企业提高完善种子生产加工处理质量监控体系、制定产品营销策略、品种布局及种子企业的现代化发展具有非常重要的作用。

种子活力是高质量种子的核心，长期以来玉米种子活力评价检测方法众多，但是我国玉米种植区域辽阔，种子出苗所遇逆境胁迫各不相同。选用简洁、重复性好、准确科学高效的种子活力检测方法，尤为重要。我们根据国内外有关玉米种子活力测定手册、资料，结合多年操作实践经验，特编成此书。

由于编者水平所限，内容上难免存在错误和疏漏，恳请读者指正。

编　者

2015年8月

目录

第一章　种子净度分析

一、种子净度分析的基本概念

种子净度（seed cleanliness）：指供检样品中去除杂质和其他植物种子后，剩下的净种子重量占样品总重量的百分率。

净种子（pure seed）：送验者所叙述的种子（包括该种子的全部植物学变种和栽培品种）符合净种子定义（见附录一）要求的种子单位或构造。

其他植物种子（other seeds）：除净种子以外的任何植物种子单位，包括杂草种子和异作物种子。

杂质（inert matter）：除净种子和其他植物种子外的种子单位和所有其他物质和构造。

二、种子净度分析的目的和意义

种子净度分析是种子检验常见也是必不可少的工作项目，种子净度分析的意义主要包括以下几个方面：

（1）种子净度分析可测定其他植物种子的种类及含量。这样就可以从种子的百分率了解种子批的利用价值；从其他植物种子的种类和含量，可以决定种子批的取舍和危害。

（2）因为异作物种子混入会影响机械收获、产量和产品质量；而许多有害或有毒杂草种子随着种子的流动，具有生物入侵的危害。

（3）了解了杂质种类和含量，可为进一步清选、加工种子提供依据，确保种子安全贮藏，提高种子利用率。

（4）分离出的净种子为种子质量的进一步分析提供样品。如发芽率测定、纯度测定都需要净种子。

三、种子净度分析用的仪器设备

（1）种子净度分析台。

（2）钟鼎式分样器、横格式分样器（图 1-1）。

（3）不同孔径的套筛（包括振荡器）、吹风机。

（4）手持放大镜或双目显微镜等。

（5）天平：感量为 0.1，0.01，0.001g 和 0.1mg。

图1-1　横格式分样器

四、种子净度分析的方法

（一）分析前的准备

分析前必须验收送验样品的样品编号与记录是否一致，该种是否为记录所描述的种，送验样品的重量是否满足要求以及重型混杂物的检查等。

1．送验样品的称重

按照 GB/T 3543.2—1995 的要求，确定该品种送验样品的最低重量。送验样品的重量一般是净度分析量的 10 倍以上。

2．重型混杂物的检查

在送验样品中，若有与供检种子在大小或重量上明显不同且严重影响结果的混杂物，如土块、小石块或小粒种子中混有大粒种子等，应先挑出这些重型混杂物并称重，再将重型混杂物分离为其他植物种子和杂质。

（二）试验样品的分取

1．试验样品重量的规定

种子净度分析的试验样品应按 GB/T 3543.2—1995 规定的方法从送验样品中分取。试验样品应估计至少含有 2 500 个种子单位的重量或不少于表 1-1 的规定。

表 1-1　玉米种子批的最大重量和样品最小重量

种（变种）名	种子批的最大重量 / kg	样品最小重量 / g		
		送验样	净度分析试样	其他植物种子计数试样
玉米	40 000	1 000	900	1 000

注：表中数据引自 The International Seed Testing Association,《International Rules for Seed Testing》, 2012 Edition.

2．分取试样

种子净度分析可用规定重量的一份试样，或两份半试样（试样重量的 1/2）进行分析。

3．试样称重

试验样品须称重，以克表示，精确至表 1-2 所规定的小数位数，以满足计算各种成分百分率达到一位小数的要求。

表 1-2　称重与小数位数

试样或半试样及其成分重量 / g	称重精确至下列小数位数
1.000 以下	4
1.000 ～ 9.999	3
10.00 ～ 99.99	2
100.0 ～ 999.9	1
1 000 或 1 000 以上	0

注：表中数据引自 The International Seed Testing Association,《International Rules for Seed Testing》, 2012 Edition.

（三）试样的分离

（1）试样称重后，按附录一的规定，将试样分离成净种子、其他植物种子和杂质三种成分。

（2）分离时可借助于放大镜、筛子、吹风机等器具，或用镊子施压，在不损伤发芽力的基础上进行检查。

（3）分离时必须根据种子的明显特征，对样品中的各个种子单位进行仔细检查分析，并依据形态学特征、种子标本等加以鉴定。当不同植物种之间区别困难或不可能区别时，则填报属名，该属的全部种子均为净种子，并附加说明。

（4）种皮或果皮没有明显损伤的种子单位，不管是空瘪或充实，均作为净种子或其他植物种子；若种皮或果皮有一个裂口，检验员必须判断留下的种子单位部分是否超过原来大小的 1/2，如不能迅速地做出这种决定，则将种子单位列为净种子或其他植物种子。

（5）分离后各成分分别称重，以克表示，计算各成分的百分率。

（四）其他植物种子数目的测定

根据送验者的不同要求，其他植物种子数目的测定可采用完全检验、有限检验和简化检验。

1．完全检验

试验样品不得小于 25 000 个种子单位的重量或表 1-1 所规定的重量。

借助于放大镜、筛子和吹风机等器具，按附录一的规定逐粒进行分析鉴定，取出试样中所有的其他植物种子，并数出每个种的种子数。当发现有的种子不能准确确定所属种时，允许鉴定到属。

2．有限检验

有限检验的检验方法同完全检验，但只限于从整个试验样品中找出送验者指定的其他植物种的种子。如送验者只要求检验是否存在指定的某些种，则发现一粒或数粒种子即可。

3．简化检验

如果送验者所指定的种难以鉴定时，可采用简化检验。

简化检验是用规定试验样品重量的1/5（最少量）对该种进行鉴定。简化检验的检验方法同完全检验。

（五）结果计算和表示

1．结果计算

（1） 核查分析过程的重量增失　不管是一份试样还是两份半试样，应将分析后的各种成分重量之和与原始重量比较，核对分析期间物质有无增失。若增失量超过原始重量的5%，则必须重做，填报重做的结果。

（2） 计算各成分的重量百分率　试样分析时，所有成分(即净种子、其他植物种子和杂质三部分)的重量百分率应计算到一位小数。半试样分析时，应对每一份半试样所有成分分别进行计算，百分率至少保留到两位小数，并计算各成分的平均百分率。

百分率必须根据分析后各种成分重量的总和计算，而不是根据试验样品的原始重量计算。其他植物种子和杂质均不再分类计算百分率。

（3） 检查重复间的误差

① 两份半试样：如果分析两份半试样，分析后任一成分的相差不得超过表1-3所示的重复分析间的容许差距。若所有成分的实际差距都在容许范围内，则计算每一成分的平均值。如实际差距超过容许范围，则按照下列程序进行：

- 再重新分析成对样品，直到一对数值在容许范围内为止(但全部分析不必超过四对)。
- 凡一对间的相差超过容许差距两倍时，均略去不计。
- 各种成分百分率的最后记录，应根据全部保留的几对加权平均数计算。

② 两份或两份以上试样：如果在某种情况下有必要分析第二份试样时，那么两份试样各成分实际的差距不得超过表1-3中所示的容许差距。若所有成分都在容许范围内，则取其平均值；若超过，则再分析一份试样；若分析后的最高值和最低值差异没有大于容许误差2倍时，则填报三者的平均值。如果其中的一次或几次显然是由于差错造成的，那么该结果须去除。

（4）修约　各种成分的最后填报结果应保留一位小数。

各种成分之和应为100.0%，小于0.05%的微量成分在计算中应除外。如果其和是99.9%或100.1%，那么从最大值(通常是净种子部分)增减0.1%。如果修约值大于0.1%，那么应检查计算有无差错。

（5）有重型混杂物结果换算

净种子：$P_2 = P_1 \times \dfrac{M-m}{M}$

其他植物种子：$\mathrm{OS}_2 = \mathrm{OS}_1 \times \dfrac{M-m}{M} + \dfrac{m_1}{M} \times 100\%$

杂质：$I_2 = I_1 \times \dfrac{M-m}{M} + \dfrac{m_2}{M} \times 100\%$

式中：

M——送验样品的重量，g；

m——重型混杂物的重量，g；

m_1——重型混杂物中的其他植物种子重量，g；

m_2——重型混杂物中的杂质重量，g；

P_1——除去重型混杂物后的净种子重量百分率，%；

OS_1——除去重型混杂物后的其他植物种子重量百分率，%；

表 1-3 种子净度分析中同一实验室内同一送验样品净度分析的容许差距

两次分析结果平均		不同测定之间的容许差距			
50% 以上	50% 以下	半试样		试样	
		无稃壳种子	有稃壳种子	无稃壳种子	有稃壳种子
99.95 ~ 100.00	0.00 ~ 0.04	0.2	0.23	0.1	0.2
99.90 ~ 99.94	0.05 ~ 0.09	0.33	0.34	0.2	0.2
99.85 ~ 99.89	0.10 ~ 0.14	0.4	0.42	0.3	0.3
99.80 ~ 99.84	0.15 ~ 0.19	0.47	0.49	0.3	0.4
99.75 ~ 99.79	0.20 ~ 0.24	0.51	0.55	0.4	0.4
99.70 ~ 99.74	0.25 ~ 0.29	0.55	0.59	0.4	0.4
99.65 ~ 99.69	0.30 ~ 0.34	0.61	0.65	0.4	0.5
99.60 ~ 99.64	0.35 ~ 0.39	0.65	0.69	0.5	0.5
99.55 ~ 99.59	0.40 ~ 0.44	0.68	0.74	0.5	0.5
99.50 ~ 99.54	0.45 ~ 0.49	0.72	0.76	0.5	0.5
99.40 ~ 99.49	0.50 ~ 0.59	0.76	0.8	0.5	0.6
99.30 ~ 99.39	0.60 ~ 0.69	0.83	0.89	0.6	0.6
99.20 ~ 99.29	0.70 ~ 0.79	0.89	0.95	0.6	0.7
99.10 ~ 99.19	0.80 ~ 0.89	0.95	1.0	0.7	0.7
99.00 ~ 99.09	0.90 ~ 0.99	1.0	1.06	0.7	0.8
98.75 ~ 98.99	1.00 ~ 1.24	1.07	1.15	0.8	0.8
98.50 ~ 98.74	1.25 ~ 1.49	1.19	1.26	0.8	0.9
99.25 ~ 98.49	1.50 ~ 1.74	1.29	1.37	0.9	1.0
98.00 ~ 98.24	1.75 ~ 1.99	1.37	1.47	1.0	1.0
97.75 ~ 97.99	2.00 ~ 2.24	1.44	1.54	1.0	1.1
97.50 ~ 97.74	2.25 ~ 2.49	1.53	1.63	1.1	1.2
97.25 ~ 97.49	2.50 ~ 2.74	1.6	1.7	1.1	1.2
97.00 ~ 97.24	2.75 ~ 2.99	1.67	1.78	1.2	1.3
96.50 ~ 96.99	3.00 ~ 3.49	1.77	1.88	1.3	1.3
96.00 ~ 96.49	3.50 ~ 3.99	1.88	1.99	1.3	1.4
95.50 ~ 95.99	4.00 ~ 4.49	1.99	2.12	1.4	1.5
95.00 ~ 95.49	4.50 ~ 4.99	2.09	2.22	1.5	1.6
94.00 ~ 94.99	5.00 ~ 5.99	2.25	2.38	1.6	1.7
93.00 ~ 93.99	6.00 ~ 6.99	2.43	2.56	1.7	1.8
92.00 ~ 92.99	7.00 ~ 7.99	2.59	2.73	1.8	1.9
91.00 ~ 91.99	8.00 ~ 8.99	2.74	2.9	1.9	2.1
90.00 ~ 90.99	9.00 ~ 9.99	2.88	3.04	2.0	2.2
88.00 ~ 89.99	10.00 ~ 11.99	3.08	3.25	2.2	2.3
86.00 ~ 87.99	12.00 ~ 13.99	3.31	4.49	2.3	2.5
84.00 ~ 85.99	14.00 ~ 15.99	3.52	3.71	2.5	2.6
82.00 ~ 83.99	16.00 ~ 17.99	3.69	3.9	2.6	2.8
80.00 ~ 81.99	18.00 ~ 19.99	3.86	4.07	2.7	2.9
78.00 ~ 79.99	20.00 ~ 21.99	4.0	4.23	2.8	3.0
76.00 ~ 77.99	22.00 ~ 23.99	4.14	4.37	2.9	3.1
74.00 ~ 75.99	24.00 ~ 25.99	4.26	4.5	3.0	3.2
72.00 ~ 73.99	26.00 ~ 27.99	4.37	4.61	3.1	3.3
70.00 ~ 71.99	28.00 ~ 29.99	4.47	4.71	3.2	3.3
65.00 ~ 69.99	30.00 ~ 34.99	4.61	4.86	3.3	3.4
60.00 ~ 64.99	35.00 ~ 39.99	4.77	5.02	3.4	3.6
50.00 ~ 59.99	40.00 ~ 49.99	4.89	5.16	3.5	3.7

注：表中数据引自 The International Seed Testing Association,《International Rules for Seed Testing》, 2012 Edition.

I_1——除去重型混杂物后的杂质重量百分率，%。

最后应检查：P_2+OS_2+I_2 = 100.0%。

2．结果表示

种子净度分析结果以三种成分的重量百分率表示。

进行其他植物种子数目测定时，结果用测定中发现的种（或属）的种子数来表示，也可折算为每单位重量（如每千克）的种子数。

（六）结果报告

净度分析的结果应保留一位小数，各种成分的百分率总和必须为 100%。成分小于 0.05% 的填报为“微量”，如果一种成分的结果为零，须填“0.0”。

当测定某一类杂质或某一种其他植物种子的重量百分率达到或超过 1% 时，该种类应在结果报告单上注明。

进行其他植物种子数目测定时，将测定种子的实际重量、学名和该重量中找到的各个种的种子数填写在结果报告单上，并注明采用完全检验、有限检验或简化检验。

五、种子净度分析检验应注意的问题

（一）认真做好准备工作

在种子净度检测前，必须全面查验送检样品是否符合有关要求，如重量是否达标，检测号与记载卡上所记录的是否一致，该种是否是记载卡所描述的种，包装袋是否破损，包装袋的大小、外观，送检种子是否包衣。尤其要注意样品大小和重型混杂物，若有重型混杂物，应先将其拣出并称重，再将其分为其他植物种子和杂质。

（二）准确掌握三种成分的划分标准

种子净度分析时，将待检种子样品划分为净种子、其他植物种子和杂质三种成分。每种成分的划分标准是进行净度分析的依据，只有将标准充分熟悉、准确把握，才能将各成分做出快速、准确的界定。

（三）科学分取试验样品

使用种子净度工作台分取样品时要做到以下几点：送验样品充分混合，再进行分样；2 份试样或 2 份半试样均要从送验样品一分为二的两部分种子中分别获取，避免在 1/2 部分持续分样。

（四）严谨称重样品和计算结果

使用种子净度分析台时根据试样重量决定称重时保留的小数位数。净度分析的结果计算较为繁琐，尤应注意以下问题：计算前确保样品分析前后重量增失百分率小于 5%；净种子、其他植物种子、杂质三种成分的百分率计算应以三者之和作为分母，不能用试验样品原始值替代；试样或半试样重复之间差值小于容许差距的前提下才能计算平均值，否则要重新取样检验。

附录一 净种子、其他植物种子和杂质区分总则

（一）净种子

下列构造凡能明确地鉴别出它们是属于所分析的种（已变成菌核、黑穗病孢子团或线虫瘿除外），即使是未成熟的、瘦小的、皱缩的、带病的或发过芽的种子单位都应作为净种子。

（1）完整的种子单位。在禾本科中，种子单位如是小花须带有一个明显含有胚乳的颖果或裸粒颖果（缺乏内外稃）。

（2）大于原来大小 1/2 的破损种子单位。

（二）其他植物种子

其鉴定原则与净种子相同。

（三）杂质

（1）明显不含真种子的种子单位。

（2）破裂或受损伤种子单位的碎片为原来大小的 1/2 或不及 1/2 的。

（3）按该种的净种子定义，不将这些附属物作为净种子部分或定义中尚未提及的附属物。

（4）脱下的不育小花、空的颖片、内外稃、稃壳、茎叶、球果、鳞片、果翅、树皮碎片、花、线虫瘿、真菌体（如麦角、菌核、黑穗病孢子团）、泥土、沙粒、石砾及所有其他非种子物质。

第二章　种子水分测定

一、种子水分的基本概念

种子水分（moisture content）：是指按规定程序把种子样品烘干所失去的重量，用失去的重量占供检样品原始重量的百分率表示。

自由水（free water）：自由水也称游离水，是生物化学的介质，存在于种子表面和细胞间隙内，具有一般水的特性，可作为溶剂，100℃沸点，0℃结冰，易受外界环境条件的影响，容易蒸发。

束缚水 (bound water)：也称结合水，束缚水与种子内的亲水胶体如淀粉、蛋白质等物质中的化学基团牢固结合，不能在细胞间隙中自由流动，不易受外界环境条件影响。

化合水 (combined water)：也称分解水，种子中有些化合物如糖类中，含有一定比例的能形成水分的 H 和 O 元素。通常将种子有机物分解产生的水分（H 和 O 元素）称之为化合水或分解水。

二、种子水分测定的意义

种子水分测定在农业生产中有着很重要的应用，对于种子水分测定的目的意义，主要集中在以下六个方面：

（一）根据种子水分检测结果判定种子质量是否符合标准

现行国际种子检验规程和我国种子检验规程中都列入了种子水分测定，以评判种子测定结果是否符合质量分级标准，为种子定价、安全处理和贮藏保管提供依据。

（二）收获前测定种子水分，以确定适时收获时间

随着农业现代化的发展，种子机械收获已普遍采用。随着成熟进程，种子水分逐渐降低，种子硬度和机械抗性也随之增加。为了避免机械收获伤害种子，收获前应先测定田间植株上的种子水分，以便确定种子的最佳收获时间。

（三）种子烘干前测定水分，以便确定种子干燥温度、时间，降水速率和分次干燥方法

由于刚收获的高水分种子，呼吸代谢旺盛，对温度十分敏感，所以为安全干燥，高水分种子一般以较低温度干燥或分次干燥，先以较低温度干燥降水后，再以较高温度干操。

（四）种子包衣和丸化前后测定种子水分，确保包衣和丸化处理的安全

种子包衣和丸化前测定水分，以便确定包衣剂和丸化活性成分浓度和干燥时间。其后测定水分，以便确定种子的安全保存期限。如果包衣后水分高于安全标准，安全保存时间应短，而且应尽早出售播种；包衣后干燥到安全水分的种子，可较长时间保存。

（五）包装和入仓前必须测定种子水分

种子达到安全包装和贮藏水分标准，才能确保种子的安全包装和安全贮藏。根据种子安全包装和贮藏原理，种子水分降低至与 25% 相对湿度相平衡的水分时，才能安全包装和贮藏，以保持正常的种子活力。另外，当年积压种子想隔年保存，也必须先测定种子水分；如果种子水分高或超过标准，应先干燥后再放入低温库保存。

（六）用于种子活力测定样品

在活力测定前必须预先测定样品水分，以确保活力测定结果的正确性。

三、种子水分测定的仪器设备

（1）恒温烘箱：装有可移动多孔的铁丝网架。
（2）粉碎（磨粉）机：备有 0.5，1.0 和 4.0 mm 的金属丝筛子。
（3）样品盒、干燥器、干燥剂等。
（4）天平：感量达到 0.001 g。

四、种子水分的测定程序（高温烘干法）

（一）送验样品的检查

一份样品送达检验室后，根据水分测定的特点，首先要对其进行三个方面的检查：

1. 标签检查

检查容器上的标签标注的样品编号、品种名称等项目与卡上登记的是否一致。

2. 容器检查

检查送验样品是否装在防湿容器中，密封是否完好。

3. 重量检查

根据水分测定的要求，重量应不少于 100 g，检查送验样品重量是否符合要求。

（二）样品制备

供水分测定的送验样品必须符合 GB/T 3543.2—1995 的要求。用下列任意一种方法进行充分混合，并从送验样品取 15 ~ 25 g。

（1）用药匙在样品罐内搅拌；

（2）将原样品罐的罐口对准另一个同样大小的空罐口，把种子在两个容器间往返倾倒。烘干前对玉米种子磨碎细度的要求见表 2-1。

表 2-1　玉米种子水分测定磨碎细度要求

作物种类	磨碎细度
玉米（*Zea mays*）	至少有 50% 的磨碎成分通过 0.5 mm 筛孔的金属丝筛，而留在 1.0 mm 筛孔的金属丝筛上物不超过 10%

进行测定需取两个重复的独立试验样品。必须使试验样品在样品盒的分布为每平方厘米不超过 0.3 g。取样应用勺或铲子，勿直接用手触摸种子。

（三）称重烘干

1．研磨烘干

（1）先将样品盒预先烘干、冷却、称重，并记下盒号，取两份试样 (磨碎种子应从不同部位取得)，每份 4.5 ~ 5.0 g，将试样放入预先烘干和称重过的样品盒内，再称重 (精确至 0.001 g)。

（2）先将烘箱预热至 140 ~ 145℃，将样品摊平放入烘箱内的上层，样品盒距温度计的水银球约 2.5 cm 处，烘箱温度保持在 130 ~ 133℃，烘干时间为 1 h（GB/T 35436—1995）。若样品量为 8.0 g，130℃烘干 4 h（《Seed Technologist Training Manual》）。

（3）用坩埚钳或戴上手套盖好盒盖 (在箱内加盖)，取出后放入干燥器内冷却至室温，30 ~ 45 min 后再称重。

2．整粒烘干

（1）先将样品盒预先烘干、冷却、称重，并记下盒号，取两份试样，每份 15.0 g，将试样放入预先烘干和称重过的样品盒内，再称重（精确至 0.001 g）。

（2）先将烘箱预热至 110 ~ 125℃，将样品摊平放入烘箱内的上层，样品盒距温度计的水银球约 2.5 cm 处，烘箱温度保持在 101 ~ 105℃，烘干时间为 72 h（《Seed Technologist Training Manual》）。

（3）用坩埚钳或戴上手套盖好盒盖 (在箱内加盖)，取出后放入干燥器内冷却至室温，30 ~ 45 min 后再称重。

（四）高水分预先烘干法

如果种子水分超过 17.0%，必须采用预先烘干法。

称取两份样品各（25.00±0.02）g，置于直径大于 8 cm 的样品盒中，在（103±2）℃烘箱中预烘 30 min。取出后放在室温冷却和称重。此后立即将这两个半干样品分别磨碎，并各取一份样品按高温烘干法所规定的方法进行测定。

（五）结果计算

1．结果计算

根据烘后失去的重量计算种子水分，按式 (1) 计算到小数点后一位：

$$种子含水量 = \frac{M_2 - M_3}{M_2 - M_1} \times 100\% \tag{1}$$

式中：

M_1—— 样品盒和盖的重量，g；

M_2—— 样品盒和盖及样品的烘前重量，g；

M_3—— 样品盒和盖及样品的烘后重量，g。

若用预先烘干法，可从第一次(预先烘干)和第二次按上述公式计算所得的水分结果换算样品的原始水分，按式(2)计算。

$$种子含水量 = S_1 + S_2 - S_1 \times S_2 \quad (2)$$

式中：

S_1 —— 第一次整粒种子烘后失去的水分，%；

S_2 —— 第二次磨碎种子烘后失去的水分，%。

2. 容许差距

若一个样品的两次测定之间的差距不超过0.2%，其结果可用两次测定值的平均数表示。否则，重做两次测定。

（六）结果报告

结果填报在检验结果报告的规定空格中，精确度为0.1%。

五、种子水分的快速测定方法

种子水分的快速测定方法主要是指应用电子仪器测定种子水分，根据测定原理可分为电阻式、电容式、红外线等几种。

（一）电阻式水分测定仪

电阻式水分测定仪原理：根据欧姆定律，在闭合电路中，当电压一定时，电流强度与电阻成反比，电阻越大电流就越小。种子内的自由水含量越高，溶解的可溶物就越多，电阻越小；种子内的自由水越少，电阻越大。种子电阻大小取决于种子内自由水含量的高低，把种子作为电阻接入电路中，电流就随着种子自由水含量的高低而变化，即种子自由水含量越低，电阻越大，电流强度越小，反之，电流强度越大。

种子水分与电流强度是非直线关系，为倒数函数关系。当种子水分很低或很高时，种子样品的电阻与水分不成比例。当种子内仅存在束缚水或少量自由水时，种子的电阻将变得很高；当种子内的自由水含量很高时，种子样品的电阻将变得很小。这限制了电阻式水分测定仪的测定范围。

我国应用较普遍的有国产的KLS-1型粮食水分测定仪和TL-4型钳式水分测定仪。

（二）电容式水分测定仪

电容式水分测定仪原理：电容是基本的物理量，表示导体容纳电量的多少。电容量的大小与物质的介电常数和两极板面积成正比，与两极板间的距离成反比。当两极板的距离一定，测试的样品量一定时，电容量的变化只与介电常数变化有关。种子中干物质的介电常数为10，水分为81，因此种子内水分的变化会引起介电常数的变化，从而引起电容的变化。将种子置于电路中，作为电容的一个组成部分，测得电容的大小就可间接测得水分含量。温度对电容值的影响是很大的，水分测定仪上都有1～2个温度传感器，对测定结果进行温度补偿。

目前我国使用的电容式水分测定仪种类很多，应用比较普遍的有美国帝强谷物水分测定仪，日本Kett公司的PM8188谷物水分测定仪（图2-1）等。

（三）红外线水分测定仪

红外线水分测定仪与微波式水分测定仪的原理相同。红外线分为远红外线、中红外线和近红外线。近红外线水分测定仪与红外线水分测定仪的原理不同。近红外线水分测定仪是根据物质对射线吸收后引起的衰减，来测定物质的含量。红外线水分测定仪是应用红外线和远红外线的辐射加热技术、单片微机技术，与上皿电子天平联机组成水分测试系统。由于水分在远红外线区有较宽的吸收带，所以可利用远红外线加热种子。红外线有强力的穿透性，直接使样品的内部受热，种子内水分可很快蒸发。所以在短时间内可测得种子水分。

（四）手持式田间果穗水分测定仪

此类水分测定仪可在田间直接测定玉米果穗的含水量。这里以MT808型玉米果穗水分测定仪（图2-2）为例进行介绍。该水分测定仪可以测定200种木材的水分，检测范围为4%～100%。测定时，需先选择测定的材料，根据仪器说明书提供的植物编号选择待测材料对应的号码。打开仪器后，首先按动仪器左侧的“MENU”按钮，此时按键上方的黄灯亮起，再按动右侧“SCROLL”键，选择目标编号，选好后再按住“MENU”按钮，至灯泡全部熄灭。测定时，将仪器顶端探针插入果穗中部，此时屏幕显示的读数即为测定果穗的含水量。拔出探针后，示数自动归零。

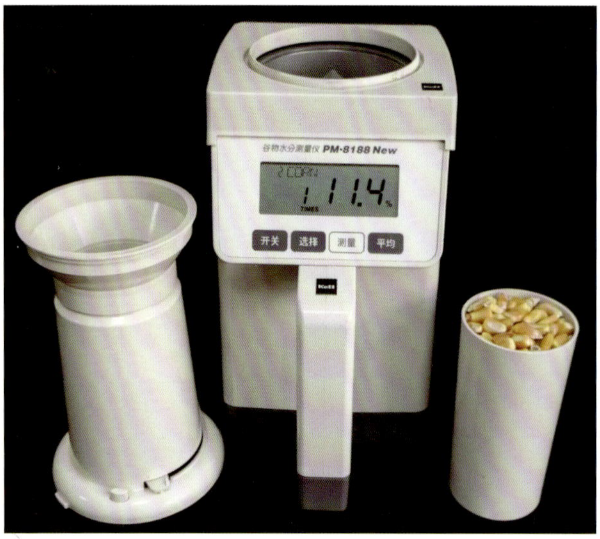

图2-1　PM8188谷物水分测定仪

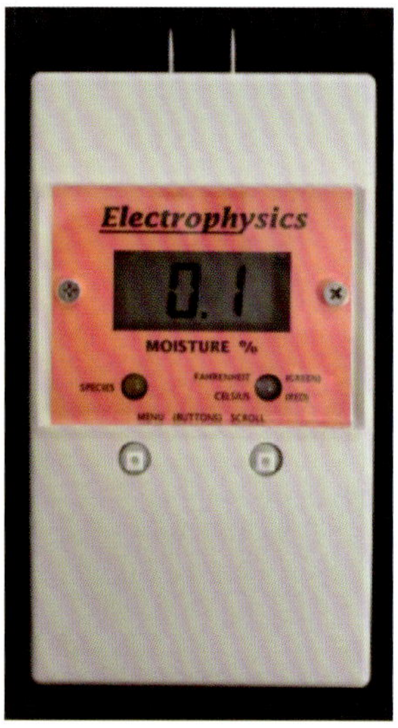

图2-2　MT808型玉米果穗水分测定仪

六、种子水分测定的注意事项

测定种子水分必须严格按照《农作物种子检验规程》（GB/T 3543.1—1995）的要求操作，选择适当的检验方法，认真进行数据计算处理，确保检验结果的准确无误。

（1）当需磨碎的玉米种子水分超过18%时必须采用预烘法。

（2）烘干过程中一定要严格控制烘箱温度。为了缩短样品放入烘箱后温度回升时间，样品放入前可适当提高预置温度，一般高恒温烘干法预热至140 ～ 145℃。

（3）烘干时间到后要立即将铝盒盖上盖后取出放入干燥器中冷却，而不要把样品继续留在烘干箱内，防止样品吸湿烘箱内的水蒸气而导致试验结果不准确。

（4）测定过程中的取样、称重、磨碎等操作均要迅速，尽量减少样品与空气的接触时间。

第三章　种子发芽试验

一、种子发芽的基本概念

发芽（germination）：在实验室内幼苗出现和生长达到一定阶段，幼苗的主要构造表明在田间的适宜条件下能够进一步生长成为正常的植株。

发芽势（germination energy）：是指发芽试验的初期（玉米为 4 天），正常发芽种子占供试种子数的百分率。

发芽率（germination percentage）：是指发芽试验的末期（玉米为 7 天），全部正常发芽种子数占供试种子的百分率。

正常幼苗（normal seedlings）：在良好土壤及适宜水分、温度和光照条件下，具有继续生长发育成为正常植株的幼苗。

不正常幼苗（abnormal seedlings）：生长在良好土壤及适宜水分、温度和光照条件下，不能继续生长发育成为正常植株的幼苗。

未发芽的种子（ungerminated seeds）：在规定的条件下，试验末期仍不能发芽的种子，包括硬实、新鲜不发芽种子、死种子（通常变软、变色、发霉，并没有幼苗生长的迹象）和其他类型（如空的、无胚或虫蛀的种子）。

幼苗的主要构造（the essential seedling structures）：幼苗继续生长成正常植株所必要的构造，由根系、幼苗中轴（上胚轴、中胚轴和下胚轴）、子叶、顶芽和胚芽鞘等组成。

二、种子发芽试验的意义

种子发芽试验的目的是测定种子批的最大发芽潜力，是我国种子质量的 4 项必检指标之一，种子发芽试验对种子经营和农业生产具有极为重要的意义。

（1）种子收购时做好发芽试验，可正确地进行种子分级和定价；

（2）种子贮藏期间做好发芽试验，可掌握贮藏期间种子发芽率的变化情况，以便及时改进贮藏条件，确保种子安全贮藏；

（3）调种前做好发芽试验，可防止盲目调运发芽率低的种子，节约人力和财力；

（4）播种前做好发芽试验，可以选用发芽率高的种子播种，保证齐苗、壮苗和密度，防止种子浪费，确保播种成功。

三、种子发芽试验的方法

根据 GB/T 3543.4—1995 的规定，玉米种子的发芽试验可以采用纸间发芽和砂床发芽两种方式。

（一）纸间发芽法

1．试验设备及用具

发芽纸：规格 380 mm × 260 mm；

自封袋：规格 12 号，450 mm × 340 mm；

数种板：面积为 320 mm × 230 mm，厚 5 mm，带有 50 个直径为 12 mm 的圆孔（图 3-1）；

电热鼓风干燥箱：PHG-9140A；

灭菌器：MLS-3751L-PC 型 Panasonic 高压蒸汽灭菌器；

其他：25℃温室或光照培养箱（图 3-2）、放纸卷的塑料筐、烧杯、记号笔、次氯酸钠溶液（浓度为 1.0%）、70% 酒精、温湿度计、滤纸、玻璃棒。

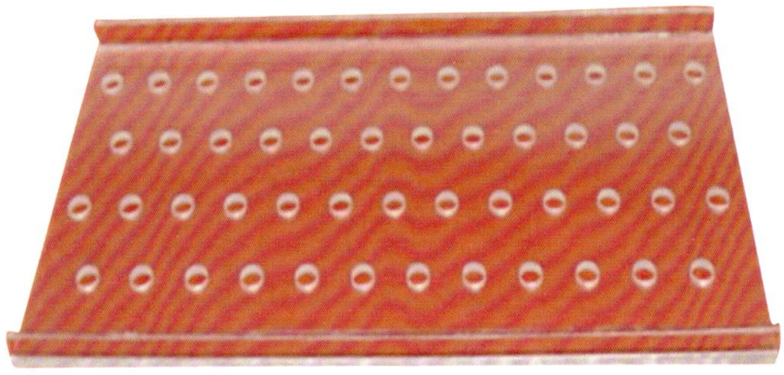

图3-1　数种板

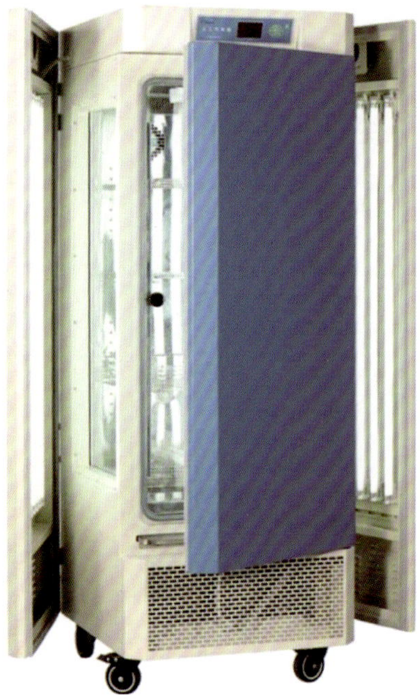

图3-2　光照培养箱

2．试验方法步骤

（1）制备发芽床　作为纸床用的发芽纸、滤纸或吸水纸等，应具有一定的强度、质地好、吸水性强、保水性好、无毒无菌（高压蒸汽灭菌器灭菌 20 ～ 30 min）、清洁干净，不含可溶性色素或其他化学物质，pH 为 6.0 ～ 7.5。将灭菌过的发芽纸在装有去离子水中的泡纸箱充分浸泡，一般浸泡 1 ～ 2 h 为宜，使发芽纸达到饱和吸水状态。

（2）数取试验样品　从经过充分混合的净种子中，用数种设备或手工随机数取 200 粒，混合均匀后分成 4 等份，以 50 粒为 1 次重复，共 4 次重复。

（3）置床　未包衣种子经杀菌剂处理（1.0% 次氯酸钠，消毒 3 ～ 5 min，冲洗至无味即可），包衣种子无须处理。用数种板和镊子在发芽纸上播放 50 粒种子，然后将另外一张充分浸透的发芽纸覆盖在种子上。将发芽纸疏松地卷起，两端整平，竖直放入 12 号自封袋。种子置床时，各粒种子之间留有一定的距离，以保证幼苗的生长空间和减少霉菌的传染。

（4）贴（写）标签　直接用记号笔写在自封袋的上端位置，写明样品号码、品种名称、置床日期、重复次数等，并登记在发芽试验记载簿上。

（5）入箱培养　将纸卷垂直置于发芽箱发芽 7 天，将发芽温度控制在（25±1）℃。

（6）检查管理　在发芽试验期间，每天检查发芽箱内的温度和发芽床的水分，注意通气和种子发霉情况。

（7）观察记载　在计数过程中，每株幼苗都必须按附录 2(补充件) 规定的标准进行鉴定。发育良好的正常幼苗应从发芽床中拣出，对可疑的或损伤、畸形或不均衡的幼苗，通常至末次计数。严重腐烂的幼苗或发霉的种子应从发芽床中除去，并随时增加计数。按计算发芽势（4 天）、发芽率（7 天）的规定日期各观察记载一次。

（8）结果计算和表示　发芽试验结果以正常幼苗数的百分率表示。

$$发芽势 = \frac{初次计数正常幼苗数}{供检种子粒数} \times 100\%$$

$$发芽率 = \frac{末次计数正常幼苗数}{供检种子粒数} \times 100\%$$

当一个试验的四次重复间的差距超过表 3-1 规定的最大容许差距时，应采用同样的方法重新试验。如果第二次结果与第一次结果相一致，即其差异不超过表 3-2 中所示的容许差距，则将两次试验的平均数填报在结果单上。如果第二次结果与第一次结果不相符合，其差异超过表 3-2 所示的容许差距，则采用同样的方法进行第三次试验，填报符合要求的平均数结果。

表 3-1　同一发芽试验四次重复间的最大容许差距（重复间比较时用）

平均发芽率 / %		最大容许差距 / %
50% 以上	50% 以下	
99	2	5
98	3	6
97	4	7
96	5	8
95	6	9
93 ~ 94	7 ~ 8	10
91 ~ 92	9 ~ 10	11
89 ~ 90	11 ~ 12	12
87 ~ 88	13 ~ 14	13
84 ~ 86	15 ~ 17	14
81 ~ 83	18 ~ 20	15
78 ~ 80	21 ~ 23	16
73 ~ 77	24 ~ 28	17
67 ~ 72	29 ~ 34	18
56 ~ 66	35 ~ 45	19
51 ~ 55	46 ~ 50	20

注：表中数据引自 The International Seed Testing Association,《International Rules for Seed Testing》, 2012 Edition.

表 3-2 同一或不同实验室相同或不同送验样品间发芽试验的容许差距（两次试验间比较）

平均发芽率 / %		最大容许差距 / %
50% 以上	50% 以下	
98 ~ 99	2 ~ 3	2
95 ~ 97	4 ~ 6	3
91 ~ 94	7 ~ 10	4
85 ~ 90	11 ~ 16	5
77 ~ 84	17 ~ 24	6
60 ~ 76	25 ~ 41	7
51 ~ 59	42 ~ 50	8

注：表中数据引自 The International Seed Testing Association，《International Rules for Seed Testing》，2012 Edition.

不正常幼苗、硬实、新鲜不发芽种子和死种子的百分率按四次重复平均数计算。正常幼苗、不正常幼苗和未发芽种子百分率的总和必须为 100%，平均数百分率修约到最近似的整数，修约 0.5% 进入最大值中。

（二）砂床发芽法

1．试验设备及用具

25℃温室、镊子、沙子（将用于试验的沙子进行筛选去除有机物、碎石等杂质，清洗后放入烘箱内 160℃烘干灭菌 2 h，备用）、1.0% 次氯酸钠溶液、温湿度计、电热鼓风干燥箱（PHG-9140A）、标签纸、记号笔、烧杯、发芽盒、玻璃棒。

2．试验方法步骤

（1）制备发芽床　砂床一般用无化学污染的细沙或清水沙为材料，使用前过筛（24 目金属筛，筛子孔径 700 μm），洗涤后放入搪瓷盘内，摊薄，在 160℃高温下烘 2h 以上。

（2）数取试验样品　从经过充分混合的净种子中，用数种设备或手工随机数取 200 粒，混匀后分成 4 等份，以 50 粒为 1 次重复。

（3）置床　在种子置床前要检查各重复间发芽床的含水量是否适宜、一致，以保证发芽整齐。种子置床时，各粒种子之间留有一定的距离，以保证幼苗的生长空间和减少霉菌的传染。

（4）贴（写）标签　在发芽盒底盒的侧面贴上标签写明样品号码、品种名称、置床日期、重复次数等，并登记在发芽试验记录簿上。

（5）入箱培养　发芽盒（皿）盖好盖子，将其放入种子发芽箱或发芽室。幼苗培养室内湿度保持在 70% ~ 80%，设定种子的发芽环境（温度 20 ~ 30℃，推荐 25℃）。

（6）检查管理　在发芽试验期间，每天检查发芽箱内的温度和发芽床的水分。同时，注意通气和种子发霉情况。

（7）观察记录　在计数过程中，每株幼苗都必须按附录二规定的标准进行鉴定。发育良好的正常幼苗应从发芽床中拣出，对可疑的或损伤、畸形或不均衡的幼苗，通常到末次计数。严重腐烂的幼苗或发霉的种子应从发芽床中除去，并随时增加计数。按计算发芽势（4 天）、发芽率（7 天）的规定日期各观察记载一次。

（8）结果计算和表示　发芽试验结果以正常幼苗数的百分率表示。

$$发芽势 = \frac{初次计数正常幼苗数}{供检种子粒数} \times 100\%$$

$$发芽率 = \frac{末次计数正常幼苗数}{供检种子粒数} \times 100\%$$

当一个试验的四次重复间的差距超过表 3-1 最大容许差距时，应采用同样的方法重新试验。如果第二次结果与第一次结果相一致，即其差异不超过表 3-2 中所示的容许差距，则将两次试验的平均数填报在结果单上。如果第二次结果与第一次结果不相符合，其差异超过表 3-2 所示的容许差距，则采用同样的方法进行第三次试验，填报符合要求的结果平均数。

不正常幼苗、硬实种子、新鲜不发芽种子和死种子的百分率按四次重复平均数计算。正常幼苗、不正常幼苗和未发芽种子百分率的总和必须为 100%，平均数百分率修约到最近似的整数，修约 0.5 进入最大值中。

四、种子发芽试验的注意事项

（一）控制发芽床的湿度

砂床所用的沙子根据每次发芽的需用量，用大盆一次性喷水拌匀后着床，湿度以手握成团、一触即散为宜。发芽期间，每天注意观察砂床中沙土湿度，落干时要用喷壶适量喷水，水量不能过大，以砂床内不存余水为宜。幼苗培养室内湿度控制在 70% ～ 80%。发芽用的沙子可以重复使用，但要经常消毒。对于纸床，试验前要保证充分吸水，实验过程中可以根据需要适量补充水分。

（二）控制发芽环境的温度和光照

培养室内温度控制在 20 ～ 30℃。在幼芽露出土面后，延长光照时间，可促进其生长发育。

（三）通气

播种时，覆沙不能太厚，不能压得过实，以 1 ～ 2 cm 厚为宜，最好采用湿散沙。纸床在发芽过程中可以通风 1 ～ 2 次，保证种子良好发芽。

（四）活力低的种子

库存陈种子(特别是陈自交系)和成熟度不好的种子,因种子活力低,顶土力弱,常出现出苗不整齐、不正常幼苗多、各试验重复间差距大的现象。建议试验时增加试验重复。

附录二　玉米标准发芽幼苗鉴定标准

（一）正常幼苗

1．根系

初生根完整或带有轻微缺陷，如褪色，有坏死斑点，开裂已愈合；若初生根有缺陷，则次生根正常并有足够的数目。

2．中胚轴

完整或带有轻微缺陷，如褪色，有坏死斑点，开裂已愈合，稍有弯曲。

3．芽鞘

完整或带有轻微缺陷，如褪色，有坏死斑点，稍有弯曲，从顶端开裂少于或等于总长度的 1/3。

4．第一片叶

完整、近芽鞘顶端伸出，至少达芽鞘长度的 1/2，或带有轻微缺陷，如褪色，有坏死斑点，轻微损伤。

（二）不正常幼苗

1．根系

初生根有缺陷，如停滞，缺失，收缩，由初生感染引起的腐烂。

2．中胚轴

形成环状，螺旋形，严重卷曲，由初生感染引起的腐烂。

3．芽鞘

顶端损伤、缺失，形成环状或螺旋形，严重卷曲或弯曲，纤细，基部开裂，从顶端开裂并超过总长度的 1/3。

4．第一片叶

叶片缺失，延伸长度不及芽鞘长度的 1/2，撕裂或其他畸形。

5．幼苗

两株连生在一起，先长芽鞘后长根，由初生感染引起的腐烂。

（三）死种子

在试验末期，未产生生长迹象的种子。

第四章　种子生活力四唑染色测定

一、种子生活力的基本概念

种子生活力（seed viability）：是指种子的发芽潜在能力和种胚所具有的生命力，通常是指一批种子中具有生命力（即活的）的种子数占种子总数的百分率。

二、种子生活力四唑染色测定的基本原理

凡有生活力的种子胚部，在呼吸作用过程中都有氧化还原反应，在呼吸代谢途径中由脱氢酶催化所脱下来的氢可以将无色的四唑（TTC）还原为红色、不溶性三苯基甲臜（TTF），而且种子的生活力越强，代谢活动越旺盛，被染成红色的程度越深。死亡的种子由于没有呼吸作用，因而不会将TTC还原为红色。种胚生活力衰退或部分丧失生活力，则染色较浅或局部被染色。因此，可以根据种胚染色的部位以及染色的深浅程度来判定种子的生活力。根据种子四唑显色的部位，即可区分有生活力的部分和死亡部分。

三、种子生活力测定的意义

种子生活力测定在农业生产中具有重要意义，主要表现在以下两个方面：

（一）休眠种子必须进行生活力测定

新收获的或在低温贮藏处于休眠状态的种子，采用标准发芽试验，即使供给适宜的发芽条件仍不能良好发芽或发芽率很低。在这种情况下，仅用发芽试验测定其发芽率，就不可能测出种子的最高发芽率，必须进一步测定其生活力，了解种子潜在发芽能力，以便合理利用种子。播种之前对发芽率低而生活力高的种子，应进行适当处理后播种。对那些发芽率低和生活力也低的种子，就不能作为种用。在实际中，如果发芽试验末期发现有新鲜不发芽的种子或硬实种子，就应接着进行生活力测定。

（二）快速预测种子发芽能力

休眠种子可借助于各种预处理打破休眠，进行发芽试验。但时间也较长，而种子贸易中，常因时间紧迫，不可能采用正规的发芽试验来测定发芽力。这是因为发芽试验所需时间更长。尤其在收获和

播种间隔时间短的情况下，可用生物化学速测法测定种子生活力作为参考。

四、种子生活力测定的试验仪器设备

烧杯 (100 mL、200 mL)、滤纸、刀片、镊子、培养皿（直径 9 cm）、容量瓶（100 mL、1 000 mL）、垫板、5 ～ 25 倍的放大镜或体视显微镜、恒温培养箱。

五、种子生活力测定的试验方法

（一）溶液配制

1．0.1% 四唑溶液配制

称取 0.1 g 四唑粉剂溶解于 100 mL 磷酸缓冲液中。四唑溶液的 pH 为 6.5 ～ 7.5，染色液必须避光保存。

2．磷酸缓冲液配制

先准备溶液Ⅰ和溶液Ⅱ。

溶液Ⅰ：在 1 000 mL 蒸馏水中溶解 9.078 g KH_2PO_4。

溶液Ⅱ：在 1 000 mL 蒸馏水中溶解 9.472 g Na_2HPO_4 或 11.876 g $Na_2HPO_4 \cdot 2H_2O$。然后取溶液Ⅰ2 份和溶液Ⅱ3 份混合即成磷酸缓冲液。

（二）染色前的样品制备

按 GB/T 3543.7—1995 的规定，从种子净度分析后经过充分混合的玉米净种子中随机数取 100 粒种子，4 次重复。如果是测定发芽试验末期休眠种子的生活力，则单用发芽试验末期所发现的休眠种子。

（三）种子预湿

预湿的目的是使种子充分湿润，软化种皮，方便样品准备和促进活组织酶系统的活化，以提高染色的均匀度，鉴定的可靠性和正确性。

将选取的玉米种子浸入水中预湿，25℃下浸泡或卷纸萌发 16 h，使其充分吸胀。

（四）种子处理

将吸胀后的玉米种子沿胚中线纵向切开，使种胚的主要结构暴露出来，取半粒进行四唑染色测定。处理后的种子应保持湿润，直到每个重复都完成为止。

（五）四唑染色

将处理好的玉米种子放入培养皿中，加入 0.1%的四唑溶液，将种子淹没。然后置于 22℃恒温培养箱中避光染色 1 h（染色温度可在 20 ～ 45℃内适当选择，染色时间可以根据样品情况适当调整，保证样品染色充分）。恒温箱内要黑暗或弱光，因为光照能使四唑盐类还原而降低其浓度，影响染色效果。

（六）观察鉴定

将染色后的玉米种子经清水冲洗后进行染色情况的观察鉴定（图 4-1）。有生活力种子允许不染色、较弱或坏死的最大面积：①盾片上下任一端 1/3 不染色；②胚根大部分不染色，但不定根原始体必须染色；③盾片中央有不染色组织，表明受到热损伤。

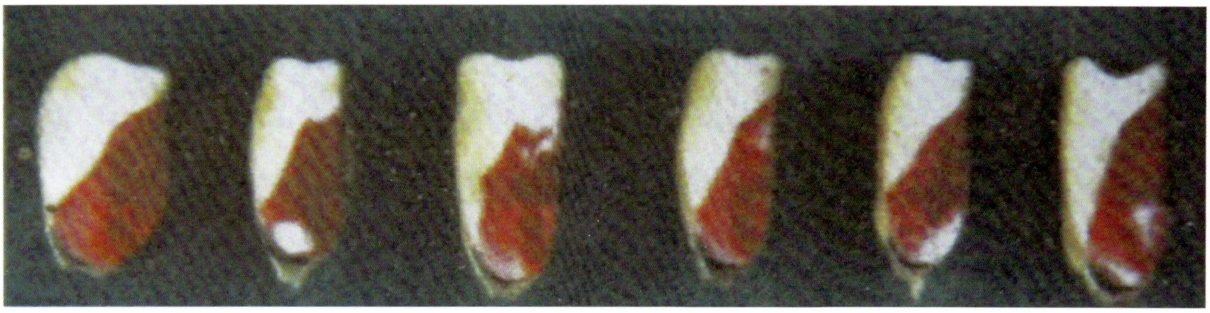

1　2　3　4　5　6

7　8　9　10　11　12

图4-1　玉米种子四唑染色图谱

1～5都有生活力，6～12都无生活力。1.胚全部染成红色。2.盾片两端少部不染色。3.盾片前端及胚芽鞘前端少部不染色。4.胚芽鞘前端不染色。5.胚芽鞘前端和胚根顶端2/3以下不染色，种子根区染色。6.胚根大部不染色，已波及种子根区。7.胚芽不染色。8.胚轴不染色。9.盾片与胚轴连接处不染色。10.盾片两端不染色部分已超过1/2。11.盾片1/2以上不染色。12.胚不染色。

（引自农业部全国农作物种子质量监督检验测试中心《农作物种子检验员考核学习读本》，中国工商出版社，2006）

一般的鉴定原则如下：

凡是胚的主要构造及有关活营养组织染成有光泽的鲜红色，且组织状态正常的为有生活力种子；凡是胚的主要构造局部不染色或染成异常的颜色和光泽，并且活营养组织不染色部分已超过 1/2 或超过允许范围，以及组织软化的为不正常种子；凡是完全不染色或染成无光泽的淡红色或灰白色，且组织已软腐或异常、虫蛀、损伤、腐烂的为死种子。鉴定时借助放大镜或显微镜。种子生活力的有无主要取决于胚和（或）胚乳（或配子体）坏死组织的部位和面积的大小，而不一定在于颜色的深浅，颜色的差异主要是将健全、衰弱和死亡的组织区分开。

（七）试验结果计算及处理

统计各个重复中有生活力的玉米种子数，并计算其平均值。

$$种子生活力=\frac{有生活力的种子数}{供检种子粒数}\times 100\%$$

重复间最大容许差距不得超过表 4-1 的规定，平均百分率修约至最近似的整数。测定结果按照规定格式填报。若是测定发芽试验末期未发芽种子的生活力，结果应填报在发芽试验结果报告的相应栏中。

表 4-1 生活力测定重复间的最大容许差距

平均生活力百分率 / %		重复间容许的最大差距 /%		
1	2	4 次重复	3 次重复	2 次重复
99	2	5	—	—
98	3	6	5	—
97	4	7	6	6
96	5	8	7	6
95	6	9	8	7
93 ~ 94	7 ~ 8	10	9	8
91 ~ 92	9 ~ 10	11	10	9
90	11	12	11	9
89	12	12	11	10
88	13	13	12	10
87	14	13	12	11
84 ~ 86	15 ~ 17	14	13	11
81 ~ 83	18 ~ 20	15	14	12
78 ~ 80	21 ~ 23	16	15	13
76 ~ 77	24 ~ 25	17	16	13
73 ~ 75	26 ~ 28	17	16	14
71 ~ 72	29 ~ 30	18	16	14
69 ~ 70	31 ~ 32	18	17	14
67 ~ 68	33 ~ 34	18	17	15
64 ~ 66	35 ~ 37	19	17	15
56 ~ 63	38 ~ 45	19	18	15
55	46	20	18	15
51 ~ 54	47 ~ 50	20	18	16

注：表格引自 GB/T 3543.7—1995《农作物种子检验规程 其他项目检验》。

六、种子生活力测定的注意事项

（1）四唑染色时，恒温箱内要求黑暗或弱光，四唑溶液不能循环使用。

（2）染色温度过高或染色时间过长，也会引起种子组织的劣变，这样可能掩盖由于遭受冻害、热伤和本身衰弱而呈现不同颜色或异常的情况。

（3）明确种子生活力四唑染色测定的适用范围。四唑染色测定一般适用于下列情况：收获后需马上播种的种子；具有深休眠的种子；发芽缓慢的种子：要求估测发芽潜力的种子。另外，也适用于测定发芽末期个别种子的生活力，特别是怀疑有休眠时；测定已萌发种子，或收获期间存在的不同类型和加工的损伤（热害、机械损伤或虫蛀等）种子（图 4-2)；解决发芽试验中存在的问题，如不清楚不正常幼苗产生的原因或怀疑杀菌剂的处理效果等。

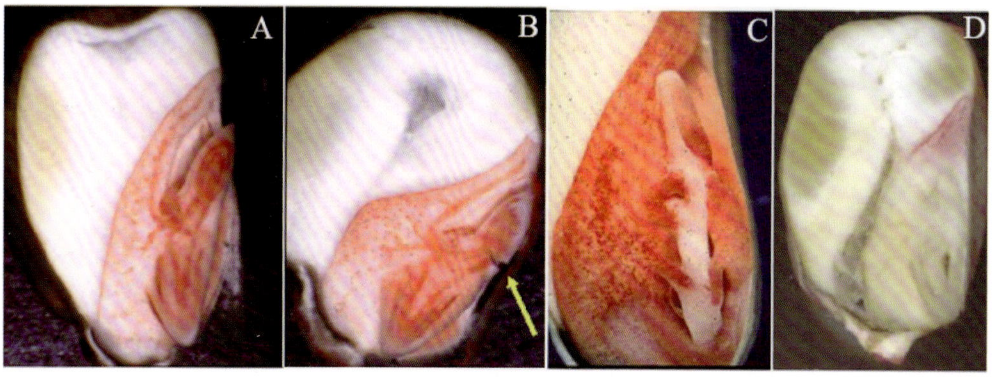

图4-2 玉米种子四唑染色

A. 图为有生活力种子，B、C、D. 图为无生活力种子。B. 图种子有物理损伤，C. 图种子受低温损伤，D.图种子受高温干燥损伤。

（引自美国 IWOA 大学种子科学中心）

第五章　种子活力测定

一、种子活力的基本概念

种子活力（seed vigor）：是指在广泛的田间条件下，决定种子迅速整齐出苗和长成正常幼苗潜在能力的总称。概念的本身涉及两方面，一是种子发芽及幼苗生长的总体表现，二是对不良条件的忍耐力。

种子发芽力是指种子在适宜条件下（实验室可控的条件下）发芽并长成正常幼苗的能力，通常用发芽率和发芽势表示。而种子活力通常指田间条件下的出苗能力及与此有关的生产性能和生理生化指标。

二、种子活力的研究意义

（一）高活力种子在农业生产上的重要作用

种子是农业生产的基本生产资料，种子活力是种子重要的品质，高活力种子具有明显的生长优势和生产潜力，对农业生产具有十分重要的意义。

1．提高田间成苗率

高活力种子播种后出苗迅速且均匀一致，保证苗全、苗齐、苗壮，为增产打下良好基础。

2．节省播种费用

高活力种子成苗率高，适合精量点播，可以减少播种量，节省人工费用，以及因低活力种子播种后缺苗断垄必须重播而增加的种子及人力、物力等费用。

3．抵抗不良环境条件

高活力种子对田间逆境的抵抗能力较强，如在干旱地区，高活力种子可以深播，以便吸收足够的水分而萌发，并有足够力量顶出土面。又如在多雨或土壤黏重地区，土壤容易板结，高活力种子有足够力量顶出土面，而低活力种子则难以出土。

4．抗低温能力强，适于早播

某些作物生长季节较短，要求提早播种才能保证一定的产量。高活力种子一般对早春低温条件具有抵抗能力，因此可以适当提早播种，并达到适当早收和提高产量的目的。

5. 增强对病虫害的抵抗能力

高活力种子由于发芽迅速、出苗整齐，可以避开或抵抗病虫为害，同时由于幼苗健壮、生长旺盛，增强了与杂草竞争的能力。

6. 增加作物产量

高活力种子可以达到全苗壮苗，增加分蘖及分枝，增加有效穗数，因而增产作用很明显。

7. 提高种子的耐贮藏性

高活力种子能较好地抵抗高温高湿等不良贮藏条件。因此，需要进行长期贮藏或作为种质资源保存的种子，应选择高活力的种子。

（二）种子活力测定的必要性

1. 保证田间出苗率及生产潜力的必要手段

种子生产者和使用者逐渐认识到种子对农业生产的重要性，在播种前，不仅要了解种子的发芽力，更关心田间出苗率。开始劣变的种子，其发芽力尚未表现降低，但活力已经下降，影响田间出苗率，往往两批发芽率相同或相近的种子，其活力和田间出苗率有较大的差别，在此情况下进行活力测定，选用高活力种子播种，确保田间苗全苗壮，避免采用发芽率高而活力低的种子给生产带来损失。

2. 种子产业中必不可少的环节

种子收获后，要进行干燥、清选、加工、贮藏等处理过程，如某些条件不合适，均有可能使种子遭受机械损伤和生理劣变，降低种子活力，进行活力测定，可及时改善种子加工贮藏和处理条件，保证和提高种子质量。

3. 帮助育种工作者选育新品种的必要方式

育种工作者在选择抗寒、抗病、抗逆、早熟、丰产的新品种时，都应进行种子活力测定，因为这些特性与种子活力密切相关。此外，通过种子活力测定，可以选择某些有利于出苗的形态特征。

4. 研究种子劣变生理的必要方法

种子从形成发育、成熟收获、加工贮藏直至播种的过程中，无时无刻不在进行变化，生理工作者要采用生理生化及细胞学等方面的种子活力测定方法，研究种子劣变机理及改善和提高种子活力的方法。

三、选用种子活力测定方法的要求

如何正确选用合适的种子活力测定方法，并进行正确的判断分析，是种子活力测定结果是否准确可靠和切实可行的关键所在。正确选用活力测定方式通常应该考虑以下几点：

（1）活力测定采用的方法，其测定结果要真正反映一批种子的活力水平，且与田间出苗率有高度的相关性。

（2）活力测定所用方法要简单易行，经济实惠。

（3）活力测定方法最好能快速省时，在短时间内就能获得活力测定结果。

（4）测定结果要有重演性，即不同地区、不同实验室所测结果比较一致。

四、种子活力测定方法——人工加速老化测定

（一）原理

种子贮藏在高温高湿的条件下，由于不良代谢及微生物的侵染，老化过程加速，其劣变程度在几天内相当于数月或数年之久。人工加速老化测定就是模拟恶劣的贮藏条件（高温、高湿）对种子进行处理，使活力较低的种子很快失去发芽能力，以此来区分种子活力的高低。凡是经老化处理后，受影响较小而仍保持较高的正常幼苗比例的种子批，其耐藏性好，活力强，田间成苗率高；反之，则差。

（二）试验设备和用品

老化盒（图 5-1）：规格 100 mm × 100 mm × 30 mm；

发芽纸：规格 380 mm × 260 mm；

自封袋：规格 12 号，450 mm × 340 mm；

数种板：面积为 320 mm × 230 mm，厚 5 mm，带有 50 个直径为 12 mm 的孔；

人工气候箱：MGC-350-HP-2，RH-250-GS，HPG-400H；

恒温培养箱：如图 5-2 所示隔水式恒温培养箱；

灭菌器：MLS-3751L-PC 型 Panasonic 高压蒸汽灭菌器；

其他：25℃温室、放纸卷的塑料筐、镊子、250 mL 三角瓶、次氯酸钠溶液（浓度为 1.0%）、温湿度计、玻璃棒。

图5-1　种子老化盒

图5-2　隔水式恒温培养箱

（三）试验方法步骤

（1）老化箱外箱加足水，以淹没热元件为度，干燥的外箱不可用来做老化测定。

（2）将温度传感器放置在老化箱中与种子相平的高度，控制温度在 45℃，相对湿度 100%。

（3）从玉米种子样品中各数取 200 粒（种子水分 10% ~ 14%），混合均匀后分成 4 等份，50 粒为一次重复，重复 4 次。

（4）将种子放在老化盒中，摊平，放入老化箱内处理 72 h（老化箱中的水需先消毒处理）。

（5）取出种子（种子水分 26% ~ 29%），薄摊，风干。

（6）将种子摆放在发芽床上，25℃条件下培养 7 天。

（7）7 天后测定正常幼苗百分率。在计数过程中，每株幼苗都必须按附录 3(补充件) 规定的标准

进行鉴定。

（8）结果计算和表示

种子活力试验结果以正常幼苗数的百分率表示。

$$种子活力 = \frac{末次计数正常幼苗数}{供检种子粒数} \times 100\%$$

当一个试验的四次重复间的差距超过表 5-1 最大容许差距时，应采用同样的方法进行第二次试验。如果第二次结果与第一次结果相一致，即其差异不超过表 5-2 中所示的容许差距，则将两次试验的平均数填报在结果单上。如果第二次结果与第一次结果不相符合，其差异超过表 5-2 所示的容许差距，则采用同样的方法进行第三次试验，填报符合要求的平均数结果。

五、种子活力测定方法——冷冻测定

（一）原理

按照国际规程，在最适温度和湿度条件下所做的发芽试验难以提供田间出苗的可靠预测。为此，需要有一个在次适条件下进行的测定。冷冻测定就是为此目的而被广泛应用的方法。冷冻测定模拟种子在田间早期萌发状态，将种子播入土中（土壤中最好含有已知的玉米病原体），放在低温条件下处理一定时间，而后转入适宜的温度进行发芽，观察和评价种子批的发芽出苗能力。测定结果通常用发芽率表示，结果能够反映低温和病原体的联合效应，但难以将二者区分开来。高活力种子经低温和病原菌联合处理后仍能发芽并长成正常幼苗，而低活力种子则不能发芽或发芽后不能长成正常幼苗。

（二）试验设备和用品

发芽纸：规格 380 mm × 260 mm；

自封袋：规格 12 号，450 mm × 340 mm；

塑料框架：面积为 360 mm × 271 mm 的塑料板，厚 5 mm，中间挖去面积为 326 mm × 236 mm 的矩形；

数种板：面积为 320 mm × 230 mm，厚 5 mm，带有 50 个直径为 14 mm 的圆孔；

人工气候箱：MGC-350-HP-2、RH-250-GS、HPG-400H；

电热鼓风干燥箱：PHG-9140A；

其他：25℃温室、放纸卷的塑料筐、金属杯、镊子、沙子（将用于试验的沙子进行筛选去除有机物、碎石等杂质，清洗后放入烘箱内 160℃烘干灭菌 3 h，备用）、土壤（选择曾生长过玉米且腐殖质含量低的沙质壤土或壤质沙土，pH 为 6 ～ 8）、1.0% 次氯酸钠溶液、温湿度计、玻璃棒。

（三）试验方法步骤

（1）试验土壤用 0.5 mm 筛子过筛。土壤含水量需达到最大持水力的 40%。将所需土和沙子按照质量比为 1∶1 配比混合均匀。土壤最大持水力测定方法为：用金属杯取土，带回实验室后在杯下垫一张滤纸，用皮筋固定在杯上，将杯放入盘子里，给盘中倒水，没过滤纸即可，隔天将杯中的土壤取出，放在已知重量的铝盒中称重，得到最大持水量时的土壤质量 W_1，将铝盒（注意盒盖打开）放在烘箱中 105℃烘干 10 h 以上至恒重，称重得到干土质量 W_2。$\frac{W_1 - W_2}{W_2}$ = 最大持水量 (质量含水量) 。

（2）未包衣种子经杀菌剂处理（1.0% 次氯酸钠消毒 3 min，冲洗 4 次），包衣种子无须处理。每处理取 200 粒种子，混匀后分成 4 等份，50 粒为一次重复，重复 4 次。

（3）将发芽纸 121℃高压蒸汽灭菌 20 min 并充分浸泡 24 h，取两张浸透水分的发芽纸，并将塑料框架置于发芽纸上，在纸上均匀铺撒一层薄薄的沙土混合物。

（4）用数种板在铺好土的发芽纸上播放 50 粒种子，把种子轻轻地压入数种板的土壤里，使种胚与土壤紧密地接触（图 5-3）。然后将充分浸透水分的发芽纸覆盖在上面。

（5）将发芽纸疏松地卷起，两端整平，放入 12 号自封袋内。

（6）将纸卷垂直置于 10℃发芽箱中，黑暗低温处理 7 天。

（7）低温处理 7 天后，将纸卷转移至 25℃下光照发芽，以防止幼苗黄化、芽鞘损伤和叶绿素损失。

（8）在转入温室 7 天后测定正常幼苗占检测种子的百分率（图 5-4）。在计数过程中，每株幼苗都必须按附录三规定的标准进行鉴定。

（9）结果计算和表示：种子活力试验结果以正常幼苗的百分率表示。

$$\text{种子活力} = \frac{\text{末次计数正常幼苗数}}{\text{供检种子粒数}} \times 100\%$$

图5-3　冷冻测定种子置床

图5-4　冷冻测定

当一个试验的四次重复间的差距超过表 5-1 最大容许差距时，应采用同样的方法进行第二次试验。如果第二次结果与第一次结果相一致，即其差异不超过表 5-2 中所示的容许差距，则将两次试验的平均数填报在结果单上。如果第二次结果与第一次结果不相符合，其差异超过表 5-2 所示的容许差距，则采用同样的方法进行第三次试验，填报符合要求的平均数结果。

表 5-1　同一发芽试验四次重复间的最大容许差距（重复间比较时用）

平均发芽率 / %		最大容许差距 / %
50% 以上	50% 以下	
99	2	5
98	3	6
97	4	7
96	5	8
95	6	9
93 ~ 94	7 ~ 8	10
91 ~ 92	9 ~ 10	11
89 ~ 90	11 ~ 12	12
87 ~ 88	13 ~ 14	13
84 ~ 86	15 ~ 17	14
81 ~ 83	18 ~ 20	15
78 ~ 80	21 ~ 23	16
73 ~ 77	24 ~ 28	17
67 ~ 72	29 ~ 34	18
56 ~ 66	35 ~ 45	19
51 ~ 55	46 ~ 50	20

表 5-2　同一或不同实验室来自相同或不同送验样品间发芽试验的容许差距（两次试验间比较）

平均发芽率 /%		最大容许差距 /%
50% 以上	50% 以下	
98 ~ 99	2 ~ 3	2
95 ~ 97	4 ~ 6	3
91 ~ 94	7 ~ 10	4
85 ~ 90	11 ~ 16	5
77 ~ 84	17 ~ 24	6
60 ~ 76	25 ~ 41	7
51 ~ 59	42 ~ 50	8

注：表中数据引自 The International Seed Testing Association,《International Rules for Seed Testing》, 2012 Edition.

不正常幼苗、硬实、新鲜不发芽种子和死种子的百分率按四次重复平均数计算。正常幼苗、不正常幼苗和未发芽种子百分率的总和必须为 100%，平均数百分率修约到最近似的整数，修约 0.5% 进入最大值中。

六、种子活力测定方法——冷浸测定

（一）原理

冷浸测定是测定种子活力的方法。种子浸泡在低温的水中，维持着较低的代谢活动，种子受到冷害、快速吸水的伤害及缺氧的损害。因此，活力较低的种子经过一定时间的冷浸处理后，就会丧失其生活力而不能发芽。活力较高的种子虽也受损害，但仍保持生活力，在适宜的条件下仍具有发芽能力。因此，冷浸后测得的各项发芽指标能较好地反映种子活力的高低。

（二）试验设备和用品

发芽纸：规格 380 mm × 260 mm；

自封袋：规格 12 号，450 mm × 340 mm；

数种板：面积为 320 mm × 230 mm，厚 5 mm，带有 50 个直径为 12 mm 的孔；

人工气候箱：MGC-350-HP-2、RH-250-GS、HPG-400H；

种子处理恒温循环槽：SC100（图 5-5）（循环槽中的不锈钢篮见图 5-6）。

图5-5　种子处理恒温循环槽

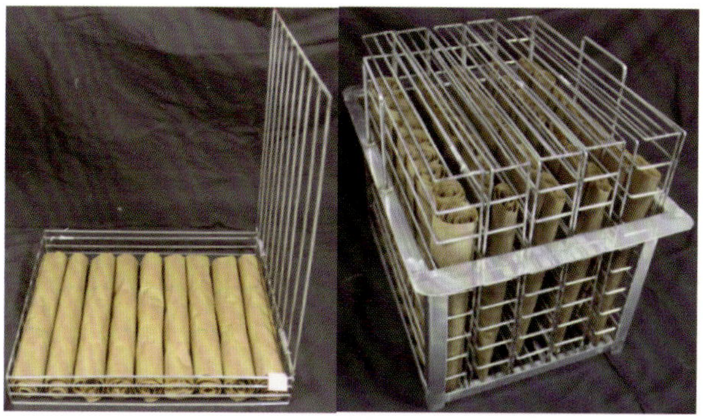

图5-6　不锈钢篮及种子卷的摆放

灭菌器：MLS-3751L-PC 型 Panasonic 高压蒸汽灭菌器；

其他：25℃温室、放纸卷的塑料盒、镊子、250 mL 三角瓶、次氯酸钠溶液（浓度为 1.0%）、温湿度计、玻璃棒。

（三）试验方法步骤

（1）种子经杀菌剂处理（次氯酸钠浓度为 1.0%，消毒 3 min，冲洗 4 次）。每处理取 200 粒种子，混匀后分成 4 等份，50 粒为一次重复，重复 4 次。

（2）将每个处理的种子按标准发芽的方法卷纸，按顺序置于不锈钢篮中（图 5-6），置于恒温循环槽（图 5-5）中 4℃处理 3 天。

（3）冷浸处理结束时，将所有处理样品同时取出。

（4）将纸卷放入 12 号自封袋中。垂直放在 25℃下发芽，7 天后测定正常幼苗占检测种子的百分率。

（5）结果计算和表示：

种子活力试验结果以正常幼苗的百分率表示。

$$种子活力=\frac{末次计数正常幼苗数}{供检种子粒数}\times 100\%$$

当一个试验的四次重复间的差距超过表 5-1 最大容许差距时，应采用同样的方法进行第二次试验。如果第二次结果与第一次结果相一致，即其差异不超过表 5-2 中所示的容许差距，则将两次试验的平均数填报在结果单上。如果第二次结果与第一次结果不相符合，其差异超过表 5-2 所示的容许差距，则采用同样的方法进行第三次试验，填报符合要求的平均数结果。

七、种子活力测定方法——饱和冷冻测定

（一）原理

饱和冷冻测定是将冷浸测定与冷冻测定相结合的一种复合逆境测定种子活力的方法。通过饱和冷冻测定来检测种子活力的主要理论基础是种子萌发初期即种子生化代谢起动过程的初始阶段需在最适宜的环境条件下进行。饱和冷冻测定会使种子在萌发初期遭遇缺氧、低温等胁迫从而引起这些生化代谢过程的减缓，甚至停止。特别是在低温浸种的第二天，由于氧气的持续缺乏，会对种子生理代谢造成进一步的损伤。因为这一时期是细胞分裂和生物合成的最敏感时期，这就更能显现出种子活力水平的差异。因此，饱和冷冻测定可以有效的测定种子活力水平。

（二）试验设备和用品

塑料框架：面积为 340 mm × 224 mm 的塑料板，厚 2 mm，中间挖去面积为 280 mm × 200 mm 的矩形；

托盘：375 mm × 234 mm × 28 mm；

滤纸：700 mm × 300 mm；

人工气候箱：MGC-350-HP-2、RH-250-GS、HPG-400H；

其他：25℃温室、镊子、烧杯、沙子（将用于试验的沙子进行筛选去除有机物、碎石等杂质，过 0.8 mm 的细筛，清洗后放入烘箱内 160℃烘干灭菌 3 h，备用）、PCR 板、次氯酸钠（浓度为 1.0%）、温湿度计。

（三）试验方法步骤

（1）种子经杀菌剂处理（次氯酸钠浓度为 1.0%，消毒 3 min，冲洗 4 次），包衣种子无须消毒。每处理取 200 粒种子，混匀后分成 4 等份，50 粒为一次重复，重复 4 次。

（2）每个托盘用 8 个 PCR 板拼接，将滤纸 121℃ 高压蒸汽灭菌 20 min 并将两张滤纸平铺放在 PCR 板上，再将塑料框架置于滤纸上，在其中平铺沙子（约 220 g），在每个托盘中倒入去离子水（约 1 000 mL），并使滤纸两边可充分吸水。在沙子从滤纸吸水之前将沙土拉平。

（3）将托盘置于 10℃，黑暗人工气候箱中处理 24 h。

（4）托盘低温处理 24 h 后用镊子在每个托盘中摆放 50 粒种子，使种胚与沙子紧密接触，并置于 10℃，黑暗发芽箱中冷冻处理 7 天（图 5-7）。

（5）冷冻处理 7 天后，将托盘转移至 25℃ 下光照发芽，以防止幼苗黄化、芽鞘损伤和叶绿素损失，每天检查发芽床，并适当补充水分。

（6）在温室培养 7 天后，测定正常幼苗占检测种子的百分率。在计数过程中，每株幼苗都必须按附录 3（补充件）规定的标准进行鉴定。

（7）结果计算和表示：种子活力试验结果以正常幼苗的百分率表示。

$$种子活力=\frac{末次计数正常幼苗数}{供检种子粒数}\times 100\%$$

当一个试验的四次重复间的差距超过表 5-1 最大容许差距时，应采用同样的方法进行第二次试验。如果第二次结果与第一次结果相一致，即其差异不超过表 5-2 中所示的容许差距，则将两次试验的平均数填报在结果单上。如果第二次结果与第一次结果不相符合，其差异超过表 5-2 所示的容许差距，则采用同样的方法进行第三次试验，填报符合要求的平均数结果。

图5-7 饱和冷冻测定

八、种子活力测定方法——种子浸出液的电导率测定

（一）原理

种子发生劣变时，细胞膜结构受到破坏，影响膜功能正常的发挥。在种子吸胀初期，细胞膜重建和损伤修复的能力影响电解质和可溶物质外渗的程度，种子重建膜完整性的速度越快，则外渗物越少。高活力种子能够更加快速的重建膜，且最大限度地修复损伤，因而细胞膜完整性好，浸入水中后渗出的可溶性物质和电解质少，浸出液的电导率低，而低活力种子则相反。因此，可以通过测定种子浸出液的电导率来反映种子活力的高低。

注意，有几种因素影响电导率结果：第一种因素是种子大小，可以通过在测定前称重而消失，并将结果表示为 μS/(cm·g)。第二种因素是原始种子水分，在测定前测定种子水分，调节种子水分在 10% ～ 14%，可以消除这个问题。

（二）试验设备和用品

仪器设备：电导率仪、恒温水浴锅、天平（感量 0.001 g）、烧杯、滤纸等。

水：最好使用去离子水，也可使用蒸馏水。凡使用的水必须进行电导率测定，在 20℃下，去离子水电导率不超过 2 μS/cm；蒸馏水电导率不超过 5 μS/cm。使用前水应保持在（20±1）℃。

（三）试验方法步骤

（1）校正电极。电导率仪开始使用前或经常使用一定时期（每隔两周）后，应对电极进行校正：标定液用 0.745 g 分析纯氯化钾（在 150℃干燥 1 h，称重前在干燥器中冷却）融入 1 L 去离子水，配成 0.01 mol/L 的氯化钾溶液。该溶液在 20℃下电导率仪的读数应是 1 273 μS/cm。由于去离子水和蒸馏水本身存在着较低的电导率，溶液的测定值会略高（1 ～ 5 μS/cm）。在试验记载本上记录电导率仪读数。如果读数不准确，应调整或修理仪器。

（2）检查种子水分含量。如果不知道测定种子批的水分含量，应采用烘干法测定种子批的水分含量。对于水分含量低于 10% 或高于 14% 的种子批，应在浸种前将其水分含量调至 10% ～ 14%。记录种子水分含量。

（3）随机从种子批净种子部分数取无破损的种子各 100 粒，重复 4 次，准确称重 W（0.01 g）。

（4）用去离子水冲洗种子 3 次，用定性滤纸吸干表面水分，分别装入 500 mL 烧杯中，加入 250 mL 去离子水，轻轻摇晃烧杯，确保所有种子完全浸没。测定初始电导率 d_1。用铝箔或薄膜将烧杯盖好，在（20±1）℃放置 24 h。

（5）浸种结束后，马上测定溶液的电导率。将盛有种子的烧杯轻微摇晃 10 ～ 15 s，移去铝箔或薄膜盖，将电极插入溶液，注意不要把电极放在种子上。测定浸出液电导率 d_2。

（6）将浸泡种子的烧杯（电导率测定后的浸出液及种子）置于 100℃水浴中煮 30 ～ 40 min，加去离子水至原来溶液体积。冷却至 20℃后测定煮沸后种子浸出液的绝对电导率 d_3。

（四）结果计算和表示

根据下列公式计算种子的电导率。

$$种子浸出液电导率\ [\mu S/(cm \cdot g)] = \frac{(d_2 - d_1)}{W}$$

$$种子的相对电导率 = \frac{(d_2 - d_1)}{(d_3 - d_1)} \times 100\%$$

4 次重复间平均值为种子批的结果。4 次重复间容许差距为 5 μS/(cm·g)，如超过，应重做 4 次重复。

（五）种子浸出液的电导率测定的注意事项

（1）浸泡种子应该使用去离子水或重蒸馏水。

（2）种子应选完整无破损的籽粒，大小均匀。

（3）样品在测定前应预先在恒温恒湿条件下平衡种子含水量。

（4）浸泡温度与时间一定要严格控制，一般温度 20 ～ 30℃，时间控制在 24 h 以内。

（5）自然老化的种子，其活力与电导率表现显著负相关。但高温高湿加速老化的种子或机械加工受损伤的种子，其活力与电导率不一定表现相关关系。所以电导率法不适宜测定人工加速老化过的种子。

附录三　玉米活力检测幼苗鉴定标准

（一）正常幼苗

1．根系

初生根完整或带有轻微缺陷，如褪色、有坏死斑点、开裂已愈合；若初生根有缺陷，则次生根正常并有足够的数目。

2．中胚轴

完整或带有轻微缺陷，如褪色、有坏死斑点、开裂已愈合、稍有弯曲。

3．芽鞘

完整或带有轻微缺陷，如褪色、有坏死斑点、稍有弯曲、从顶端开裂少于或等于总长度的1/3。

4．第一片叶

完整、近芽鞘顶端伸出，至少达长度的1/2，或带有轻微缺陷，如褪色、有坏死斑点、轻微损伤。

（二）不正常幼苗

1．根系

初生根有缺陷，如停滞、缺失、收缩、由初生感染引起的腐烂。

2．中胚轴

形成环状、螺旋形、严重卷曲，由初生感染引起的腐烂。

3．芽鞘

顶端损伤、缺失，形成环状或螺旋形，严重卷曲或弯曲，纤细、基部开裂，从顶端开裂并超过总长度的1/3。

4．第一片叶

叶片缺失，延伸长度不及芽鞘长度的1/2，撕裂或其他畸形。

5．幼苗

两株连生在一起，先长芽鞘后长根，由初生感染引起的腐烂。

（三）死种子

在试验末期，未产生生长迹象的种子。

附录四 玉米幼苗鉴定图册

若幼苗第一片叶完整无损伤或有轻微损伤，胚芽鞘如图 5-8a 所示，此类幼苗为正常幼苗。若幼苗第一片叶损伤，胚芽鞘缺陷如图 5-8 所示，则此类幼苗为不正常幼苗。（第一片叶鉴定方法见图 5-9）。

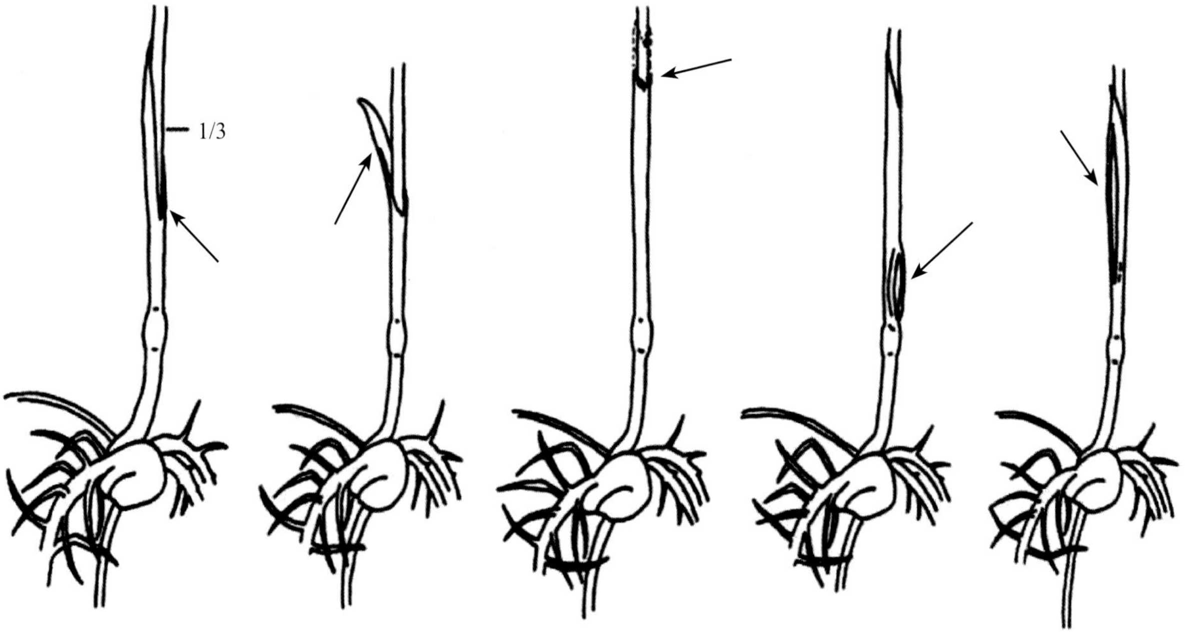

a.胚芽鞘顶端开裂，长度超过1/3　b. 胚芽鞘顶端翘起　c. 胚芽鞘顶端缺失　d. 胚芽鞘基部开裂　e. 胚芽鞘背部开裂

图5-8 玉米胚芽鞘缺陷及其鉴定方法

（引自《ISTA Handbook on Seedling Evaluation Third Edition with Amendments 2009》）

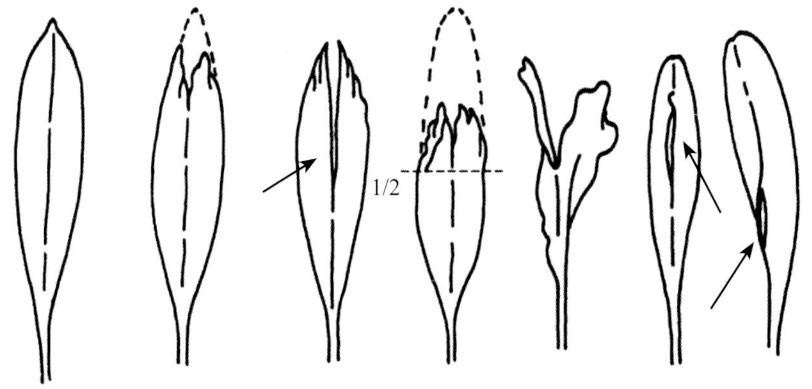

叶片完整　叶片轻微损伤　叶片损伤　叶片损伤　叶片损伤　叶片损伤　叶片损伤

图5-9 玉米叶片缺陷及鉴定方法

（引自《ISTA Handbook on Seedling Evaluation Third Edition with Amendments 2009》）

第一片叶完整无损伤、轻微损伤或严重损伤，需要结合胚芽鞘损伤程度进行幼苗鉴定。第一片叶完整或第一片叶有轻微损伤，结合图 5-8，判断此类幼苗为正常幼苗。第一片叶损伤严重，结合图 5-8，

判定此类幼苗为不正常幼苗。

若幼苗第一片叶完整无损伤或有轻微损伤，胚芽鞘缺陷如图 5-8 所示，此类幼苗为正常幼苗。若幼苗第一片叶损伤，胚芽鞘缺陷如图 5-8 所示，则此类幼苗为不正常幼苗。(第一片叶鉴定方法见图 5-9)。

ISTA 描述了胚芽鞘开裂的不正常幼苗的类型：以玉米为例，将幼苗叶片损伤程度同胚芽鞘损伤程度相结合，共同进行幼苗鉴定。为简化判定方法，通常根据胚芽鞘的损伤程度对幼苗进行鉴定(图 5-10)。

例如：胚芽鞘从顶端开裂，且开裂长度超过胚芽鞘长度的 1/3，同时，幼苗第一片损伤，此幼苗为不正常幼苗。

正常幼苗　　不正常幼苗
判断依据：胚芽鞘从顶端开裂，且长度超过其长度的1/3。

正常幼苗　　不正常幼苗
判断依据：幼苗畸形。

正常幼苗　　不正常幼苗
判断依据：胚芽鞘呈螺旋状，叶片形态异常。

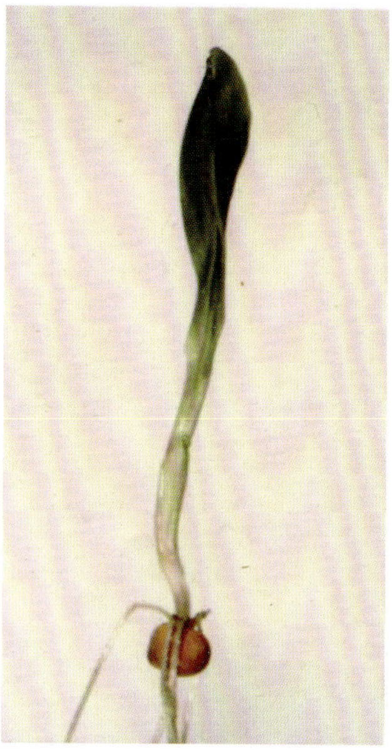

正常幼苗
判断依据：胚芽鞘轻微缺陷，第一片叶完整。

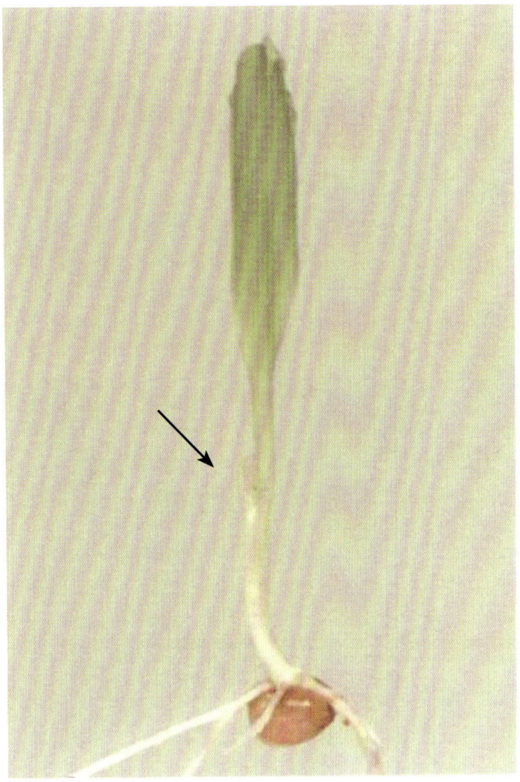

正常幼苗
判断依据：胚芽鞘顶端缺失，第一片叶结构完整。

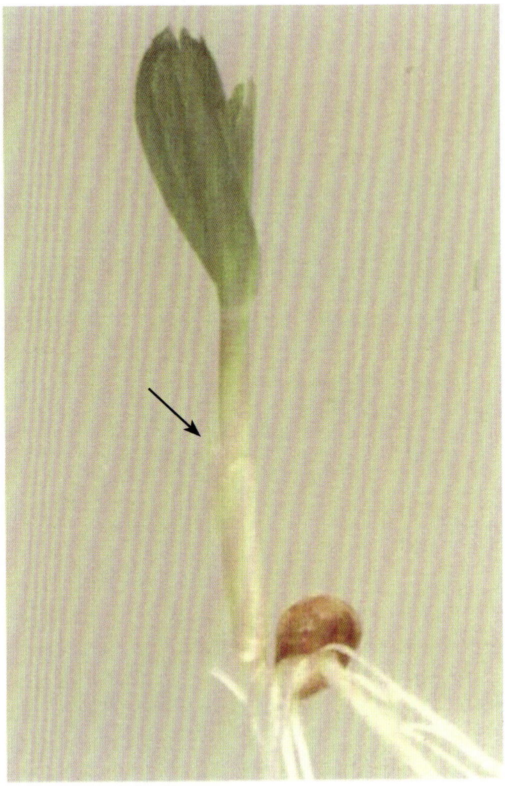

正常幼苗
判断依据：胚芽鞘顶端缺失，第一片叶伴有轻微缺陷。

正常幼苗
判断依据：胚芽鞘从顶端开裂，且开裂长度超过其长度的1/3，第一片叶有轻微损伤（损伤程度未超过正常叶的1/2）。

不正常幼苗
判断依据：胚芽鞘顶端开裂，开裂长度超过其长度的1/3，第一片叶损伤程度超过正常叶的1/2。

不正常幼苗
判断依据：胚芽鞘顶端开裂，开裂长度超过其长度的1/3，叶片基部开裂。

不正常幼苗
判断依据：胚芽鞘顶端开裂，开裂长度超过其长度的1/3，叶片基部开裂。

不正常幼苗
判断依据：胚芽鞘顶端翘起，叶片开裂。

图5-10　玉米正常幼苗和不正常幼苗形态特征
（以上幼苗照片均引自《ISTA Handbook on Seedling Evaluation third Edition with Amendments 2009》）

第六章　玉米种子加工损伤鉴定

一、玉米种子加工损伤鉴定的原理

（一）碘－碘化钾染色

加工损伤会导致玉米种子淀粉层外露，直链淀粉遇碘呈蓝色，支链淀粉遇碘呈紫红色，糊精遇碘呈蓝紫、紫、橙等颜色，通过显色反应间接判断玉米种子的加工损伤情况。

（二）快绿染色

快绿是一种染含有浆质的纤维素细胞组织的染色剂，在细胞和植物组织染色上应用极广。种子受损伤后，破损的细胞可以被染成绿色。

二、玉米种子加工损伤鉴定的意义

玉米籽粒的宏观破坏（折断、开裂、削损，果皮上有细小碰伤、擦伤、头发丝样的细裂纹和失去表皮的斑点）与微观破坏（内部裂纹）的存在损伤了种子的结构，使种子的发芽率和生活力都存在着不同程度的降低。种子破损后降低了对胚乳和胚的保护能力，使气体交换加快、呼吸强度增高、吸湿性强，易于引起发热和遭受霉菌的侵袭，且易受微生物和仓库害虫的危害，致使活力降低，影响种子的发芽率和种子质量。通过加工损伤检测，为玉米种子生产加工中降低损伤问题提供依据，对提高种子质量及企业效益有重要意义。

三、玉米种子加工损伤鉴定的仪器设备

（1）仪器设备　烧杯（1 000 mL）、三角瓶（50 mL）、容量瓶（1 000 mL）、玻璃棒、天平。

（2）试剂　碘、碘化钾、快绿固体粉末。

四、玉米种子加工损伤鉴定的试验方法步骤

（一）碘－碘化钾染色

1．碘-碘化钾（0.025 mol/L）溶液配制

称取 8.75 g 碘化钾，先将碘化钾溶于蒸馏水中，待全部溶解后再加 3.25 g 碘，振荡溶解后，定容至 1 000 mL，摇匀，贮藏于棕色瓶中备用。

2．染色

将加工过的玉米种子放入培养皿中，加入 0.025 mol/L 碘-碘化钾溶液，将种子淹没。然后染色 1 ～ 2 min。

3．观察鉴定

将染色后的玉米种子用清水冲洗后进行染色情况的观察鉴定，必要时可借助于放大镜。有裂纹的地方由于裸露出淀粉物质，与碘发生反应，呈紫红色。

（二）快绿染色

1．0.1% 快绿溶液配制

称取 0.1 g 快绿粉末，将其溶解于 100 mL 去离子水中，摇匀，备用。

2．染色

将种子样品置于培养皿中，加入 0.1% 的快绿溶液，将种子浸没，染色 15 ～ 30 s。用去离子水冲洗样品 2 ～ 3 次。

3．观察鉴定

种子的破损处会呈现绿色。若种皮破裂，快绿溶液会渗入种皮内部，呈现绿色（图 6-1）。

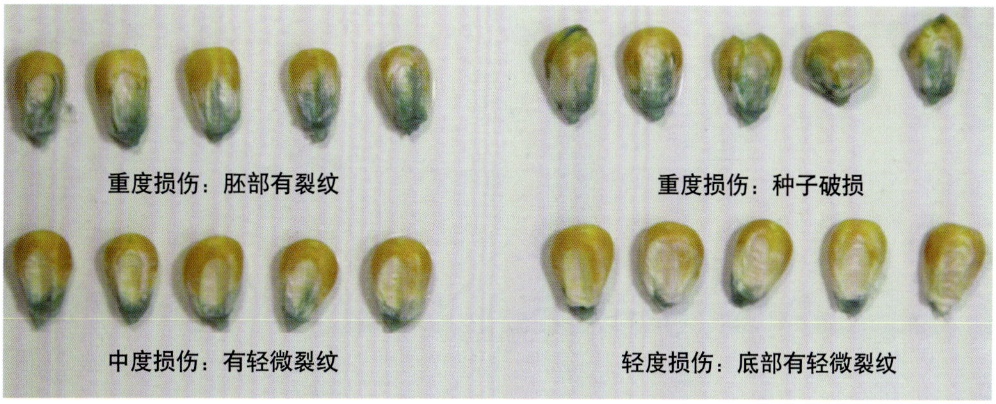

图6-1 快绿染色鉴定玉米种子加工损伤

第七章　玉米品种纯度的分子检测技术

一、玉米品种纯度的基本概念

品种纯度（variety purity）：品种在特征特性方面典型一致的程度，用本品种的种子数占供检本作物样品种子数的百分率表示。

变异株（off-type）：一个或多个性状（特征特性）与原品种育成者所描述的性状明显不同的植株。

简单重复序列（simple sequence repeats，SSR）：又称微卫星序列或短串联重复序列，是由几个核苷酸（1 ~ 5 个）为重复单位聚集而成的长达几十个至几百个 bp（一般为 100 ~ 200 bp）的串联重复序列。

聚合酶链式反应（polymerase chain reaction，PCR）：是一种用于在体外扩增 DNA 序列的技术程序。模板 DNA 经高温变性为单链，在 DNA 聚合酶和适宜温度下，两条引物分别与 DNA 模板两条链上的一段互补序列发生退火，并在 DNA 聚合酶的催化下以四种 dNTP（脱氧核苷三磷酸）为底物，使退火引物延伸从而合成 DNA。如此变性退火和合成 DNA 反复循环，使位于两段已知序列之间的 DNA 片段呈几何倍数扩增。

引物（primer）：具有游离的 3'—OH 末端及特定序列的寡核苷酸短片段，与 DNA 模板结合后启动 PCR 反应。

二、玉米品种纯度检测的意义

品种纯度检测在种子生产、加工、贮藏及经营贸易中具有重要意义和应用价值。

（1）品种纯度检验是保证品种优良遗传特性得以充分发挥的前提。

（2）品种纯度检验是正确评定种子等级，贯彻优种优价政策的主要依据。

（3）品种纯度检验是防止品种混杂退化，提高种子质量的必要手段。

品种混杂、品种纯度降低，会明显降低作物产量和品质。品种纯度不高的种子播入田间后会导致作物生长发育不一致、植株高矮不齐、成熟迟早不同，种子纯度降低越多，影响产量的幅度也越大。

三、玉米品种纯度 SSR 检测技术

（一）试验原理

简单重复序列（SSR）分布于玉米整个基因组，每个位点上重复单位的数目及重复单位的序列都可能不完全相同，因而造成了每个座位上的多态性。由于每个简单重复序列两端的序列是高度保守的单拷贝序列，因而可根据其两端的序列设计一对特异引物，利用 PCR 技术进行扩增，扩增产物利用电泳进行分离。不同玉米品种由于遗传结构的差异，当利用一对或多对引物经 PCR 扩增后会形成不同分子量大小的扩增产物，通过染色形成不同的 SSR 电泳图谱，从而进行玉米品种纯度鉴定。

（二）试验材料与仪器设备

1．材料

玉米种子。

2．仪器设备

DNA 提取设备：台式离心管（2.0 mL，1.5 mL）、吸头 (10 μL，200 μL，1 000 μL)、移液枪、离心机、电冰箱、水浴锅、Eppendorf 管（1.5 mL，2.0 mL），离心管架、烧杯。

PCR 设备：PCR 扩增仪、96 孔 PCR 板。

电泳检测设备：电泳仪、垂直式电泳槽（图 7-1）、一次性手套、水平摇床、染色盒、胶片观察灯、移液枪、夹子等。

溶液配制仪器：电子天平、磁力搅拌器、酸度计、量筒、pH 计、试剂瓶、玻璃棒、烧杯等。

图7-1 垂直式电泳槽

3．试剂

10 × PCR 缓冲液、四种脱氧核糖核苷酸（dNTPs）、TaqDNA 聚合酶、SSR 引物、矿物油、乙二胺四乙酸二钠、三羟甲基氨基甲烷、氯化钠、盐酸、氢氧化钠、甲叉双丙烯酰胺、丙烯酰胺、硼酸、无水乙醇、三氯甲烷、Tris、四甲基乙二胺、过硫酸铵、硝酸银、甲醛溶液等。

（三）试验溶液配制

1．1 mol/L Tris-HCl（pH 8.0）

称量 121.1 gTris 置于 1 L 烧杯中，加入约 800 mL 的去离子水，充分搅拌溶解。溶液冷却至室温后再加入浓盐酸（约 42 mL）调定 pH 为 8.0，将溶液定容至 1 L，高温高压灭菌后，室温保存。

2．10 × TBE 缓冲液

Tris 108 g，硼酸 55 g，0.5 mol/L EDTA（pH 8.0）溶液 37 mL，定容至 1 000 mL。

3．2% CTAB

按表 7-1 称取所需试剂，定容至 1 000 mL，经高压蒸汽灭菌后使用。

表 7-1 2%CTAB 溶液的配制

成分	终浓度 /（mol/L）	已有溶液浓度 /（mol/L）	配 1 L 所加量
CTAB	2%		20 g
Tris-HCl（pH 8.0）	0.1	1.0	100 mL
EDTA	0.02	0.5	40 mL
NaCl	1.4	5.0	280 mL

4．0.5 mol/L EDTA（pH 8.0）

称取 186.1 g $Na_2EDTA \cdot 2H_2O$，置于 1 L 烧杯中。加入约 800 mL 的去离子水，充分搅拌。用 NaOH 调节 pH 至 8.0（约 20 g NaOH），加去离子水将溶液定容至 1 L，高温高压灭菌后室温保存。

5．5 mol/L NaCl

800 mL 蒸馏水溶解 292 g NaCl，定容至 1 000 mL，分装后高压蒸汽灭菌，室温保存。

6．10% 过硫酸铵（APS）

10 g 过硫酸铵定容至 100 mL，室温保存。

7．30% 聚丙烯酰胺凝胶

丙烯酰胺 300 g，甲叉双丙烯酰胺 17 g，定容至 1 000 mL。

8．6% 聚丙烯酰胺凝胶

10 倍电泳缓冲液 100 mL，30% 丙烯酰胺胶 200 mL，用去离子水定容至 1 000 mL。

（四）试验方法步骤

1．玉米基因组 DNA 的提取

随机从送检样品中数取 150 粒种子，设 3 个重复，每个重复 50 粒种子。

（1）碱煮法（种子）

① 按 GB/T 3543.2—1995 的要求，从样品中随机分取玉米种子 150 粒，用刀片切取少量玉米籽粒的胚乳，放入 96 孔 PCR 板内；

② 在每个样品孔分别加入 100 μL NaOH 溶液（0.1 mol/L），1 000 r/min 离心 5 min；

③ 盖上 96 孔硅胶膜，用 PCR 仪 100℃煮 15 min，取出后 1 000 r/min 离心 5 min；

④ 加入 100 μL TE 缓冲液（pH 2.0），1 000 r/min 离心后取上清到另一个 PCR 板中，进行 PCR 试验。

注意：切取小米粒大小的胚乳即可，多则无益，切取的籽粒放入 96 孔 PCR 板中。

（2）CTAB 法（种子胚）

① 剥取玉米种子胚，用石英砂研磨样品。将匀浆转移到离心管中。加入 600 μL 的 2% 的 CTAB（65℃预热，按照表 7-2 入适量 β - 巯基乙醇）提取液，颠倒混合均匀后在 65℃水浴 30 min，其间要上下颠倒混匀数次。

表 7-2 玉米 CTAB 提取液组分

CTAB/mL	β - 巯基乙醇 /μL
0.5	2.5
5	25
20	100

② 取出离心管，静置至室温，加入 600 μL 的氯仿（氯仿：异戊醇 =24 : 1），上下颠倒充分混合。

③ 12 000 r/min 离心 10 min。将离心管动作轻缓的取出，放置于离心管架上。离心后溶液分三层：上层为水相；中层为碎片和蛋白相；底层为氯仿。

④ 用移液枪吸取离心管中上层水相，动作一定要轻缓，不可搅动其他两层。若上步骤中中间层较厚，则继续加入等体积的氯仿（氯仿：异戊醇 =24 : 1），再次抽提一次，直至中间层较薄。

⑤ 在抽提出的水相中加入等体积预冷的异丙醇，−20℃沉淀 15 min（时间越长，DNA 的产量越多，污染也越多）。

⑥ 12 000 r/min 离心 5 min，去上清液，将离心管倒置于吸水纸上数分钟，加入 1 000 μL 70% 的酒精，上下颠倒数次，洗涤沉淀。

⑦ 12 000 r/min 离心 5 min，倒掉上清液，倒置于吸水纸上数分钟，最后置于超净工作台中吹干。

⑧ 在离心管中加入 200 μL 的灭菌去离子水或者 TE 溶液（将 10 mL 1 mol/L 的 Tris，2 mL 0.5 mol/L EDTA 混匀，用去离子水定容至 1 L，盐酸调 pH 至 2.0），放置数小时，使其充分溶解。

⑨ 用琼脂糖凝胶电泳检测 DNA 质量。−70℃低温长期保存。

2．SSR 分析

（1）PCR 反应体系（20 μL）（表 7-3） 标准的 PCR 操作程序是将各种所需反应成分分别加入 PCR 反应管中，然后根据具体的实验要求，设置一定的循环参数，进行循环扩增。

表 7-3 PCR 反应体系（20 μL）

试剂成分	体积 / μ L
10 × PCR Buffer	2
5 mmol/L dNTP	0.5
5 U Taq 酶	0.25
10 μmol/L primer Ⅰ	0.5
10 μmol/L primer Ⅱ	0.5
DNA	2.0
ddH_2O	14.25
总计	20.0

用石蜡油防止高温挥发，放入 PCR 仪进行 PCR。

（2）PCR 反应程序

PCR 的循环程序一般为：94℃预变性 5 min，一个循环；94℃变性 30 s，55 ～ 58℃退火 30 ～ 60 s，72℃延伸（1 kb/1 ～ 2 min），35 个循环。末次循环结束后，将反应管置于 72℃温育 7 min，以确保充分延伸。

PCR 试验结束后，将 PCR 板取出，放在 4℃冰箱备用。

3．聚丙烯酰胺凝胶电泳操作

（1）聚丙烯酰胺凝胶的制备、点样与电泳

① 电泳装置的准备：将垂直电泳槽中的凝胶玻璃板充分洗净，晾干后小心装入胶框，放平，然后用聚丙烯酰胺凝胶（可适当增加 APS 和 TEMED 的用量，加快凝胶速度）封住胶框的下边以防漏胶。

② 聚丙烯酰胺凝胶的制作（6% PAGE）：按照表 7-4 的组分配制凝胶液。

表 7-4　聚丙烯酰胺凝胶组分

凝胶组成	体积
6% 丙烯酰胺	20 mL（避光 4℃保存）
10% APS	200 μL
TEMED	20 μL

注意：根据垂直电泳槽的大小确定聚丙烯酰胺凝胶的体积。

③ 灌胶、点样：将胶混匀后快速倒入玻璃板夹层中，插入梳子，放平胶板，待胶凝固后（15 min 以上），将凝胶板固定到垂直电泳槽上。加入缓冲液，拔掉梳子，然后点样，并加 DNA Marker。

④ 电泳：向胶槽中倒入电泳缓冲液（1×TBE），200 ~ 300 V 恒电压电泳，加样缓冲液到适当位置时（电泳 1.5 h 左右），停止电泳。

⑤ 回收垂直电泳槽中的电泳缓冲液，卸下玻璃板，将其置于染色缸内。用薄钢勺或刀片小心地将上面的玻璃板从一角撬起，将上面的玻璃板平稳地拿开。有时候凝胶仍附着在下面的玻璃板上，可连同玻璃板进行染色，很快凝胶即从玻璃板上脱落。

（2）聚丙烯酰胺凝胶的染色

① 染色：将凝胶放入 0.2% $AgNO_3$ 溶液中，放在脱色摇床上 10 min 后，将硝酸银倒掉，用去离子水冲洗。

② 显色：用 2% NaOH+1% 甲醛（甲醛体积 / 显色液体积）显色，待条带清晰后将溶液倒掉，用保鲜膜保存胶片。

（3）试验结果计算与表示　鉴定电泳谱带的特征和一致性，计数供检样品幼苗株数和非本品种幼苗株数，并按下列公式计算电泳测定值（品种纯度）：

$$品种纯度=\frac{供检种子粒数-母本种子粒数-其他类型种子粒数}{供检种子粒数}\times 100\%$$

测定结果是否符合国家种子质量标准值或标签值要求，可查表 7-5 判别。如果标准值减去实测值≥容许差距，说明种子的纯度不符合国家种子质量标准值或标签值要求。

4．玉米杂交种纯度鉴定所需引物的筛选

（1）提取亲本 DNA。

（2）按照纯度鉴定的 SSR 和电泳程序筛选多态性引物。选择的多态性引物应该具备①多态性好，易于区分父本与母本的带型；②条带清晰，重复性好；③引物在染色体上均匀分布。

表 7-5　品种纯度的容许差距 (5% 显著水平的一尾测定)

标准规定值		样本株数、苗数或种子粒数							
50% 以上	50% 以下	50	75	100	150	200	400	600	1000
100	0	0	0	0	0	0	0	0	0
99	1	2.3	1.9	1.6	1.3	1.2	0.8	0.7	0.5
98	2	3.3	2.7	2.3	1.9	1.6	1.2	0.9	0.7
97	3	4.0	3.3	2.8	2.3	2.0	1.4	1.2	0.9
96	4	4.6	3.7	3.2	2.6	2.3	1.6	1.3	1.0
95	5	5.1	4.2	3.6	2.9	2.5	1.8	1.5	1.1
94	6	5.5	4.5	3.9	3.2	2.8	2.0	1.6	1.2
93	7	6.0	4.9	4.2	3.4	3.0	2.1	1.7	1.3
92	8	6.3	5.2	4.5	3.7	3.2	2.2	1.8	1.4
91	9	6.7	5.5	4.7	3.9	3.3	2.4	1.9	1.5
90	10	7.0	5.7	5.0	4.0	3.5	2.5	2.0	1.6
89	11	7.3	6.0	5.2	4.2	3.7	2.6	2.1	1.6
88	12	7.6	6.2	5.4	4.4	3.8	2.7	2.2	1.7
87	13	7.9	6.4	5.5	4.5	3.9	2.8	2.3	1.8
86	14	8.1	6.6	5.7	4.7	4.0	2.9	2.3	1.8
85	15	8.3	6.8	5.9	4.8	4.2	3.0	2.4	1.9
84	16	8.6	7.0	6.1	4.9	4.3	3.0	2.5	1.9
83	17	8.8	7.2	6.2	5.1	4.4	3.1	2.5	2.0
82	18	9.0	7.3	6.3	5.2	4.5	3.2	2.6	2.0
81	19	9.2	7.5	6.5	5.3	4.6	3.2	2.6	2.1
80	20	9.3	7.6	6.6	5.4	4.7	3.3	2.7	2.1
79	21	9.5	7.8	6.7	5.5	4.8	3.4	2.7	2.1
78	22	9.7	7.9	6.8	5.6	4.8	3.4	2.8	2.2
77	23	9.8	8.0	7.0	5.7	4.9	3.5	2.8	2.2
76	24	10.0	8.1	7.1	5.8	5.0	3.5	2.9	2.2
75	25	10.1	8.3	7.1	5.8	5.1	3.6	2.9	2.3
74	26	10.2	8.4	7.2	5.9	5.1	3.6	3.0	2.3
73	27	10.4	8.5	7.3	6.0	5.2	3.7	3.0	2.3
72	28	10.5	8.6	7.4	6.1	5.2	3.7	3.0	2.3
71	29	10.6	8.7	7.5	6.1	5.3	3.8	3.1	2.4
70	30	10.7	8.7	7.6	6.2	5.4	3.8	3.1	2.4
69	31	10.8	8.8	7.6	6.2	5.4	3.8	3.1	2.4
68	32	10.9	8.9	7.7	6.3	5.5	3.8	3.2	2.4
67	33	11.0	9.0	7.8	6.3	5.5	3.9	3.2	2.5
66	34	11.1	9.0	7.8	6.4	5.5	3.9	3.2	2.5
65	35	11.1	9.1	7.9	6.4	5.6	3.9	3.2	2.5
64	36	11.2	9.1	7.9	6.5	5.6	4.0	3.2	2.5
63	37	11.3	9.2	8.0	6.5	5.6	4.0	3.3	2.5
62	38	11.3	9.2	8.0	6.5	5.7	4.0	3.3	2.5
61	39	11.4	9.3	8.1	6.6	5.7	4.0	3.3	2.5
60	40	11.4	9.3	8.1	6.6	5.7	4.0	3.3	2.6
59	41	11.5	9.4	8.1	6.6	5.7	4.1	3.3	2.6
58	42	11.5	9.4	8.2	6.7	5.8	4.1	3.3	2.6
57	43	11.6	9.4	8.2	6.7	5.8	4.1	3.3	2.6
56	44	11.6	9.5	8.2	6.7	5.8	4.1	3.4	2.6
55	45	11.6	9.5	8.2	6.7	5.8	4.1	3.4	2.6
54	46	11.6	9.5	8.2	6.7	5.8	4.1	3.4	2.6
53	47	11.6	9.5	8.2	6.7	5.8	4.1	3.4	2.6
52	48	11.7	9.5	8.3	6.7	5.8	4.1	3.4	2.6
51	49	11.7	9.5	8.3	6.7	5.8	4.1	3.4	2.6
50		11.7	9.5	8.3	6.7	5.8	4.1	3.4	2.6

注：表格引自 GB/T 3543.5—1995《农作物种子检验规程—真实性和品种纯度鉴定》。

四、玉米种子纯度盐溶蛋白电泳鉴定方法

（一）试验原理

从玉米种子中提取的盐溶蛋白在聚丙烯酰胺凝胶的浓缩效应、分子筛效应和电泳分离的电荷效应作用下进行分离，通过染色显示蛋白质谱带类型。不同玉米品种由于遗传组成的不同，种子内所含的蛋白质种类有差异，这种差异可利用电泳图谱加以鉴别，从而对种子真实性和品种纯度进行鉴定。

（二）试验仪器设备及相关试剂

1．试验材料

玉米种子样品。

2．试验设备及用具

电泳仪 (500 V ± 5 V 连续可调、0 ～ 400 mA 连续可调、额定输出功率 200 W)、垂直板夹心式电泳槽、单籽粒粉碎器、天平 (感量 0.0l g、0.001 g、0.0001 g 各一台)、酸度计、磁力搅拌器、高速离心机 (5 000 r/min 以上)、电冰箱、电炉、离心管 (1.5 mL)、离心管架、移液管 (10 mL、5 mL、2 mL 各两支)、微量进样器 (5 ～ 100 μL)、恒温箱、观片灯等。

3．试验试剂

丙烯酰胺、N,N' –亚甲基双丙烯酰胺、乳酸、乳酸钠、甘氨酸、抗坏血酸、硫酸亚铁、氯化钠、蔗糖、甲基绿、三氯乙酸、过氧化氢、考马斯亮蓝、无水乙醇、正丁醇等（所用试剂均为分析纯，所用水均为去离子水）。

（三）盐溶蛋白电泳溶液配制

1．电极缓冲液

称取甘氨酸 6.00 g，倒入 2 000 mL 烧杯中，加入 1 800 mL 去离子水溶解，用 2.0 mL 乳酸调至 pH 3.3，再加去离子水定容至 2 000 mL，混匀。

2．样品提取液

称取氯化钠 5.80 g，蔗糖 200.00 g，甲基绿 0.15 g，倒入 1 000 mL 烧杯中，加去离子水 800 mL 溶解，加热至微沸，放至室温，再用去离子水定容至 1 000 mL。在 4℃条件下保存。

3．分离胶缓冲液

取 1.43 mL 乳酸钠于 1 000 mL 烧杯中，加去离子水 980 mL，用乳酸调至 pH 3.0，再加去离子水定容至 1 000 mL，贮于棕色瓶中，在 4℃条件下保存。

4．分离胶溶液

称取丙烯酰胺 112.50 g，N,N' - 亚甲基双丙烯酰胺 3.75 g，抗坏血酸 0.25 g，硫酸亚铁 8.0 mg，用分离胶缓冲液溶解，再用分离胶缓冲液定容至 1 000 mL，过滤于棕色瓶中，在 4℃条件下保存（不超过 14 天）。

5．浓缩胶缓冲液

取 0.30 mL 乳酸钠于 200 mL 烧杯中，加去离子水 90 mL，用乳酸调至 pH 5.2，再加去离子水定

容至 100 mL。贮于棕色瓶中，在 4℃条件下保存。

6. 浓缩胶溶液

称取丙烯酰胺 6.00 g，N,N' - 亚甲基双丙烯酰胺 1.00 g，抗坏血酸 0.03 g，硫酸亚铁 0.8 mg，用浓缩胶缓冲液溶解，再用浓缩胶缓冲液定容至 100 mL，过滤于棕色瓶中，在 4℃条件下保存（不超过 6 天）。

7. 3%的过氧化氢溶液

取 30%的过氧化氢 1 mL，加 9 mL 去离子水，贮于棕色瓶中，在 4℃条件下保存。

8. 染色液

称取考马斯亮蓝 2.00 g，在研钵中用 100 mL 无水乙醇研磨溶解，过滤于棕色瓶中。取 10 mL 该溶液，加入到 200 mL 的 10% (*W*/*V*) 三氯乙酸溶液中，混匀。

（四）电泳操作

1. 样品制备

按 GB/T 3543.2—1995 的要求，从送验样品中随机分取玉米种子至少 150 粒，用单籽粒粉碎器粉碎，放入 1.5 mL 离心管中，用滴管加入与样品体积相同的样品提取液，摇匀，放置 5 min 后，再摇一次，30 min 后，5 000 r/min 离心 15 min，取上清液用于电泳。

2. 凝胶制备

（1）胶室制备　将预先洗净晾干的玻璃板装入胶条中，然后把胶条固定在垂直板电泳槽内，保持水平，短板向正极，拧紧螺栓，备用。

（2）封底缝　根据电泳槽大小，取适量分离胶溶液于烧杯中，用微量进样器加入适量 3%的过氧化氢溶液（一般每 5 mL 分离胶溶液加 20 μL 3%过氧化氢溶液），迅速摇匀，并从长玻璃板外侧沿玻璃板倒入，振动电泳槽 3 次，放平。

（3）灌分离胶　底缝封住后，用滤纸条插入两玻璃板之间吸去因聚合而析出的水；量取分离胶溶液适量，加入 3%过氧化氢溶液（一般每 15 mL 分离胶溶液加 3%过氧化氢 20 μL) 迅速摇匀；倾斜电泳槽，将分离胶溶液倒入两玻璃板之间，高度距短玻璃板上沿 1.2 cm；放平电泳槽并在试验台上振动 3 次后，迅速加入适量的正丁醇封住胶面。待凝胶聚合后，吸出分离胶表面上的正丁醇，并用去离子水冲洗胶面 3 次，用滤纸吸干。

（4）灌浓缩胶　量取浓缩胶溶液适量，加入 3%过氧化氢溶液（一般每 10 mL 浓缩胶溶液加 3%过氧化氢溶液 20 μL)，迅速搅匀，倒入两玻璃板之间，马上插好样品梳，样品梳底部距分离胶顶部 0.5 cm。

（5）点样　浓缩胶聚合后，拔出样品梳并将样品槽清理干净，用微量进样器在每个样品槽中加入不同籽粒的样品上清液 15 μL。每点一粒后，都要用去离子水清洗进样器 3 次。

（6）电泳　加样完毕后，倒入电极缓冲液，上槽电极缓冲液液面要高于短玻璃板，下槽电极缓冲液液面要高于铂金丝；将电源线正极接上槽，负极接下槽；接通电源，采用 500 V 稳压进行电泳，待甲基绿指示剂下移至胶底部边缘时，关闭电源。

（7）卸板　倒出电极液，从电泳槽内取出胶室，卸下胶条，启开玻璃板，取出胶片，浸入染色液中。

（8）染色　在 30℃恒温条件下染色 2 ～ 4 h。

（9）洗板　取出胶片，用 0.5%的不加酶洗衣粉水洗净。

（五）试验结果计算

1．电泳测定值计算

待整个供检样品电泳结束后，在观片灯上鉴定胶片上电泳谱带的特征和一致性，计数供检样品粒数和非本品种粒数，并按式 (1) 计算电泳测定值 X。

$$X=\frac{\text{供检样品粒数}-\text{非本品种粒数}}{\text{供检样品粒数}}\times 100\% \tag{1}$$

$$Y=52.9+0.461X \tag{2}$$

2．样品纯度值计算

将电泳测定值 X 代入式 (2) 回归方程，计算出样品纯度值 Y，再将 Y 与 GB 4404.1 中的纯度值进行比较，判定样品是否合格。

附录五 玉米品种纯度检测常用的 SSR 引物

编号	引物名称	引物序列
1	bnlg439	左引物 (L):5'-TTGACATCGCCATCTTGGTGACCA-3' 右引物 (R):5'-TCTTAATGCGATCGTACGAAGTTGTGGAA-3'
2	bnlg161	左引物 (L):5'-GCTTTCGTCATACACACACATTCA-3' 右引物 (R):5'-ATGGAGCATGAGCTTGCATATTT-3'
3	bnlg125	左引物 (L):5'-GGGACAAAAGAAGAAGCAGAG-3' 右引物 (R):5'-GAAATGGGACAGAGACAGACAAT-3'
4	bnlg198	左引物 (L):5'-GTTTGGTCTTGCTGAAAAATAAAA-3' 右引物 (R):5'-GCTGGAGGCCTACATTATTATCTC-3'
5	bnlg238	左引物 (L):5'-CTTATTGCTTTCGTCATACACACACATTCAT-3' 右引物 (R):5'-GAGCATGAGCTTGCATATTTCTTGTGG-3'
6	bnlg240	左引物 (L):5'-AAGAACAGAAGGCATTGATACATAA-3' 右引物 (R):5'-TGCAGGTGTATGGGCAGCTA-3'
7	bnlg107	左引物 (L):5'-GCAACTAGAAGTAGATGGCTTGTTATGG-3' 右引物 (R):5'-CAACAACAAGTGGCTGGCTAGGGTGAA-3'
8	phi034	左引物 (L):5'-TAGCGACAGGATGGCCTCTTCT-3' 右引物 (R):5'-GGGGAGCACGCCTTCGTTCT-3'
9	phi053	左引物 (L):5'-CTGCCTCTCAGATTCAGAGATTGAC-3' 右引物 (R):5'-AACCCAACGTACTCCGGCAG-3'
10	phi056	左引物 (L):5'-ACTTGCTTGCCTGCCGTTAC-3' 右引物 (R):5'-CGCACACCACTTCCCAGAA-3'
11	phi065	左引物 (L):5'-AGGGACAAATACGTGGAGACACAG-3' 右引物 (R):5'-CGATCTGCACAAAGTGGAGTAGTC-3'
12	phi072	左引物 (L):5'-ACCGTGCATGATTAATTTCTCCAGCCTT-3' 右引物 (R):5'-ACAGCGCGCAAATGGATTGAACT-3'
13	phi080	左引物 (L):5'-CACCCGATGCAACTTGCGTAGA-3' 右引物 (R):5'-TCGTCACGTTCCACGACATCAC-3'
14	phi085	左引物 (L):5'-AGCAGAACGGCAAGGGCTACT-3' 右引物 (R):5'-TTTGGCACACCACGACGA-3'
15	phi96100	左引物 (L):5'-AGGAGGACCCCAACTCCTG-3' 右引物 (R):5'-TTGCACGAGCCATCGTAT-3'
16	umc1061	左引物 (L):5'-AGCAGGAGTACCCATGAAAGTCC-3' 右引物 (R):5'-TATCACAGCACGAAGCGATAGATG-3'
17	bnlg233	左引物 (L):5'-TCTGATATCATAAAGGAGGACCG-3' 右引物 (R):5'-GGAGCTTGCGCTTTTTAACA-3'
18	umc2084	左引物 (L):5'-ATCGCGACGAGTTAATTCAAACA-3' 右引物 (R):5'-TACGATGTCTTCAGTGTGACACCA-3'
19	bnlg1450	左引物 (L):5'-ACAGCTCTTCTTGGCATCGT-3' 右引物 (R):5'-GACTTTGCTGGTCAGCTGGT-3'
20	bnlg1940	左引物 (L):5'-CCTTTTGTTTCAGGCCGTTA-3' 右引物 (R):5'-CAGCAGCCTGATGATGAACA-3'

注：表格引自 DB11/T 507—2007《玉米品种纯度及真实性 SSR 分子检测方法》

第八章　玉米种子真实性的 SSR 检测技术

一、玉米种子真实性的基本概念

种子真实性（genuineness of variety）：是指一批种子所属品种，种或属与文件 (品种证书、标签等) 是否相同，是否名副其实，是鉴定样品的真假问题。

变异株（off-type）：一个或多个性状 (特征特性) 与原品种育成者所描述的性状明显不同的植株。

简单重复序列（simple sequence repeats，SSR）：又称微卫星序列或短串联重复序列，是由几个核苷酸（1 ～ 5 个）为重复单位聚集而成的长达几十个至几百个 bp（一般为 100 ～ 200 bp）的串联重复序列。

聚合酶链式反应（polymerase chain reaction，PCR）：一种用于在体外扩增 DNA 序列的技术程序。模板 DNA 经高温变性为单链，在 DNA 聚合酶和适宜温度下，两条引物分别与 DNA 模板两条链上的一段互补序列发生退火，并在 DNA 聚合酶的催化下以四种 dNTP(脱氧核苷三磷酸）为底物，使退火引物延伸从而合成 DNA。如此变性退火和合成 DNA 反复循环，使位于两段已知序列之间的 DNA 片段呈几何倍数扩增。

引物（primer）：具有游离的 3'—OH 末端及特定序列的寡核苷酸短片段，与 DNA 模板结合后启动 PCR 反应。

二、玉米种子真实性检测的意义

（1）种子真实性检验对品种的知识产权维护和延长品种的经济寿命具有重要意义和应用价值。

（2）玉米种子真实性检验，对品种管理、质量监控等方面具有重要意义，是维护市场秩序，打击套牌、假冒侵权行为的重要依据。

（3）玉米种子真实性检验是防止种子混杂退化，提高种子质量和产品品质的必要手段。

（4）玉米种子真实性检验是克服盲目引种、调种，避免品种混淆和差错的重要环节。

三、玉米品种真实性 SSR 检测原理

简单重复序列（SSR）分布于玉米整个基因组，每个位点上重复单位的数目及重复单位的序列都可能不完全相同，因而造成了每个座位上的多态性。由于每个简单重复序列两端的序列是高度保守的单拷贝序列，因而可根据其两端的序列设计一对特异引物，利用 PCR 技术进行扩增，扩增产物利用电泳进行分离。不同玉米品种由于遗传结构的差异，当利用多对引物经 PCR 扩增后会形成不同相对分子质量的扩增产物，通过染色形成不同的 SSR 电泳图谱，进行玉米种子真实性鉴定。

四、玉米品种真实性 SSR 检测的仪器设备

（一）试验材料

待测玉米种子样品。

（二）仪器设备

DNA 提取设备: 台式离心管（2.0 mL，1.5 mL）、吸头 (10 μL，200 μL，1 000 μL)、移液枪、离心机、电冰箱、水浴锅、Eppendorf 管（1.5 mL, 2.0 mL）、离心管架、烧杯。

PCR 设备：PCR 扩增仪、96 孔 PCR 板。

电泳检测设备：电泳仪、垂直式电泳槽（见图 7-1）、一次性手套、水平摇床、染色盒、胶片观察灯、移液枪、夹子等。

溶液配制仪器：电子天平、磁力搅拌器、酸度计、量筒、pH 计、试剂瓶、玻璃棒、烧杯等。

（三）试剂

10 × PCR 缓冲液、四种脱氧核糖核苷酸（dNTPs）、TaqDNA 聚合酶、SSR 引物、矿物油、乙二胺四乙酸二钠、三羟甲基氨基甲烷、氯化钠、盐酸、氢氧化钠、甲叉双丙烯酰胺、丙烯酰胺、硼酸、无水乙醇、三氯甲烷、Tris、四甲基乙二胺、过硫酸铵、硝酸银、甲醛溶液等。

五、玉米品种真实性 SSR 检测的试验方法步骤

（一）试验溶液配制

1．1mol/L Tris-HCl（pH 8.0）

称量 121.1 g Tris 置于 1 L 烧杯中，加入约 800 mL 的去离子水，充分搅拌溶解。溶液冷却至室温后再加入浓盐酸（约 42 mL）调定 pH 为 8.0，将溶液定容至 1 L，高温高压灭菌后，室温保存。

2．10 × TBE 缓冲液

Tris 108 g，硼酸 55 g，0.5 mol/L EDTA（pH 8.0）溶液 37 mL，定容至 1 000 mL。

3．2% CTAB

按表 8-1 称取所需试剂，定容至 1 000 mL，经高压蒸汽灭菌后使用。

表 8-1 CTAB 溶液的配制

成分	终浓度 /（mol/L）	已有溶液浓度 /（mol/L）	配 1 L 所加量
CTAB	2%		20 g
Tris-HCl（pH 8.0）	0.1	1	100 mL
EDTA	0.02	0.5	40 mL
NaCl	1.4	5	280 mL

4．0.5 mol/L EDTA（pH 8.0）

称取 186.1 g $Na_2EDTA \cdot 2H_2O$，置于 1 L 烧杯中。加入约 800 mL 的去离子水，充分搅拌。用 NaOH 调节 pH 至 8.0（约 20 g NaOH），加去离子水将溶液定容至 1 L，高温高压灭菌后室温保存。

5．5 mol/L NaCl

800 mL 蒸馏水溶解 292 g NaCl，定容至 1 L，分装后高压蒸汽灭菌，室温保存。

6．10% 过硫酸铵

10 g 过硫酸铵定容至 100 mL，室温保存。

7．30% 聚丙烯酰胺凝胶

丙烯酰胺 300 g，甲叉双丙烯酰胺 17 g，定容至 1 000 mL。

8．6% 聚丙烯酰胺凝胶

10 倍电泳缓冲液 100 mL，30% 丙烯酰胺胶 200 mL，用去离子水定容至 1 000 mL。

（二）玉米基因组 DNA 的提取（CTAB 法）

分别从送检样品和标准样品中各随机抽取 10 粒种子，提取 DNA。

（1）剥取玉米种子胚，用石英砂研磨样品。将匀浆转移到离心管中。加入 600 μL 的 2% 的 CTAB (65℃预热，按照表 8-2 加入适量 β - 巯基乙醇）提取液，颠倒混合均匀后在 65℃水浴 30 min，其间要上下颠倒混匀数次。

表 8-2 玉米 CTAB 提取液组分

CTAB/mL	β - 巯基乙醇 /μL
0.5	2.5
5	25
20	100

（2）取出离心管，静置至室温，加入 600 μL 的氯仿混合液（氯仿：异戊醇 =24 : 1），上下颠倒充分混合。

（3）12 000 r/min 离心 10 min。将离心管动作轻缓地取出，放置于离心管架上。离心后溶液分三层：上层为水相，中层为碎片和蛋白相，底层为氯仿。

（4）用移液枪吸取离心管中上层水相，动作一定要轻缓，不可搅动其他两层。若上步骤中中间层较厚，则继续加入等体积氯仿混合液，再次抽提一次，直至中间层较薄。

（5）在抽提出的水相中加入等体积预冷的异丙醇，−20℃沉淀 15 min（时间越长，DNA 的产量越多，污染也越多）。

（6）12 000 r/min 离心 5 min，去上清液，将离心管倒置于吸水纸上数分钟，加入 1 000 μL 70% 的酒精，上下颠倒数次，洗涤沉淀。

（7）12 000 r/min 离心 5 min，倒掉上清液，倒置于吸水纸上数分钟，最后置于超净工作台中吹干。
（8）在离心管中加入 200 μL 的灭菌去离子水或者 TE 溶液，放置数小时，使其充分溶解。
（9）用琼脂糖凝胶电泳检测 DNA 质量。−70℃低温长期保存。

（三）SSR 分析

1．PCR 反应体系（20 μL）（表 8-3）

标准的 PCR 操作程序是将各种所需反应成分分别加入 PCR 反应管中，然后根据具体的实验要求，设置一定的循环参数，进行循环扩增。

表 8-3　PCR 反应体系（20 μL）

试剂成分	浓度
10 × PCR Buffer	2 μL
5 mmol/L dNTP	0.5 μL
5 U Taq 酶	0.25 μL
10 μmol/L primer Ⅰ	0.5 μL
10 μmol/L primer Ⅱ	0.5 μL
DNA	2.0 μL
ddH_2O	14.25 μL
Total	20.0 μL

用石蜡油防止高温挥发，放入 PCR 仪进行 PCR。

2．PCR 反应程序

PCR 的循环程序一般为：94℃预变性 5 min，一个循环；94℃变性 30 s，55 ～ 58℃退火 30 ～ 60 s，72℃延伸(1 kb/1 ～ 2 min),35 个循环。末次循环结束后,将反应管置于 72℃温育 7 min,以确保充分延伸。

PCR 试验结束后，将 PCR 板取出，放在 4℃冰箱备用。

（四）聚丙烯酰胺凝胶电泳操作

1．聚丙烯酰胺凝胶的制备、点样与电泳

（1）电泳装置的准备　将垂直电泳槽中的凝胶玻璃板充分洗净，凉干后小心装入胶框，放平，然后用聚丙烯酰胺凝胶（可适当增加 APS 和 TEMED 的用量,加快凝胶速度）封住胶框的下边以防漏胶。

（2）聚丙烯酰胺凝胶的制作　按照表 8-4 的组分配制凝胶液（6% PAGE）。

表 8-4　聚丙烯酰胺凝胶组分

凝胶组成	体积
6% 丙烯酰胺	20 mL（避光 4℃保存）
10% APS	200 μL
TEMED	20 μL

注意：根据垂直电泳槽的大小确定聚丙烯酰胺凝胶的体积。

（3）灌胶、点样　将胶混匀后快速倒入玻璃板夹层中，插入梳子，放平胶板，待胶凝固后（15 min 以上），将凝胶板固定到垂直电泳槽上。加入缓冲液，拔掉梳子，然后点样，并加 DNA Marker。

（4）电泳　向胶槽中倒入电泳缓冲液（1 × TBE），200 ～ 300 V 恒电压电泳，加样缓冲液到适当位置时（电泳 1.5 h 左右），停止电泳。

(5) 回收垂直电泳槽中的电泳缓冲液，卸下玻璃板，将其置于染色缸内。用薄钢勺或刀片小心地将上面的玻璃板从一角撬起，将上面的玻璃板平稳的拿开。有时候凝胶仍附着在下面的玻璃板上，可连同玻璃板进行染色，很快凝胶即从玻璃板上脱落。

2．聚丙烯酰胺凝胶的染色

(1) 染色　将凝胶放入 0.2% $AgNO_3$ 溶液中，放在脱色摇床上 10 min 后，将硝酸银倒掉，用去离子水冲洗。

(2) 显色　用 2% NaOH+1% 甲醛（甲醛体积 \ 显色液体积）显色，待条带清晰后将溶液倒掉，用保鲜膜保存胶片。

（五）试验结果计算与表示

送检样品与标准样品之间未检测出差异，判定送检样品与标准样品属于同一品种。

送检样品与标准样品有一对以上（包括一对）引物检测出差异，判定送检样品与标准样品不属于同一品种。

送检样品或标准样品存在两种或两种以上带型，以出现次数最多的一种带型作为该样品典型带型。

附录六 玉米品种真实性鉴定常用的 SSR 引物

引物编号	引物名称	引物序列
P01	bnlg439w1	左引物 (L):5'-AGTTGACATCGCCATCTTGGTGAC-3' 右引物 (R):5'-GAACAAGCCCTTAGCGGGTTGTC-3'
P02	umc1335y5	左引物 (L):5'-CCTCGTTACGGTTACGCTGCTG-3' 右引物 (R):5'-GATGACCCCGCTTACTTCGTTTATG-3'
P03	umc2007y4	左引物 (L):5'-TTACACAACGCAACACGAGGC-3' 右引物 (R):5'-GCTATAGGCCGTAGCTTGGTAGACAC-3'
P04	bnlg1940k7	左引物 (L):5'-CGTTTAAGAACGGTTGATTGCATTCC-3' 右引物 (R):5'-GCCTTTATTTCTCCCTTGCTTGCC -3'
P05	umc2105k3	左引物 (L):5'-GAAGGGCAATGAATAGAGCCATGAG-3' 右引物 (R):5'-ATGGACTCTGTGCGACTTGTACCG-3'
P06	phi053k2	左引物 (L):5'-CCCTGCCTCTCAGATTCAGAGATTG-3' 右引物 (R):5'-TAGGCTGGCTGGAAGTTTGTTGC-3'
P07	phi072k4	左引物 (L):5'-GCTCGTCTCCTCCAGGTCAGG-3' 右引物 (R):5'-CGTTGCCCATACATCATGCCTC-3'
P08	bnlg2291k4	左引物 (L):5'-GCACACCCGTAGTAGCTGAGACTTG-3' 右引物 (R):5'-CATAACCTTGCCTCCCAAACCC-3'
P09	umc1705w1	左引物 (L):5'-GGAGGTCGTCAGATGGAGTTCG-3' 右引物 (R):5'-CACGTACGGCAATGCAGACAAG-3'
P10	bnlg2305k4	左引物 (L):5'-CCCCTCTTCCTCAGCACCTTG-3' 右引物 (R):5'-CGTCTTGTCTCCGTCCGTGTG-3'
P11	bnlg161k8	左引物 (L):5'-TCTCAGCTCCTGCTTATTGCTTTCG-3' 右引物 (R):5'-GATGGATGGAGCATGAGCTTGC-3'
P12	bnlg1702k1	左引物 (L):5'-GATCCGCATTGTCAAATGACCAC-3' 右引物 (R):5'-AGGACACGCCATCGTCATCA-3'
P13	umc1545y2	左引物 (L):5'-AATGCCGTTATCATGCGATGC-3' 右引物 (R):5'-GCTTGCTGCTTCTTGAATTGCGT-3'
P14	umc1125y3	左引物 (L):5'-GGATGATGGCGAGGATGATGTC-3' 右引物 (R):5'-CCACCAACCCATACCCATACCAG-3'
P15	bnlg240k1	左引物 (L):5'-GCAGGTGTCGGGGATTTTCTC-3' 右引物 (R):5'-GGAACTGAAGAACAGAAGGCATTGATAC-3'
P16	phi080k15	左引物 (L):5'-TGAACCACCCGATGCAACTTG-3' 右引物 (R):5'-TTGATGGGCACGATCTCGTAGTC-3'
P17	phi065k9	左引物 (L):5'-CGCCTTCAAGAATATCCTTGTGCC-3' 右引物 (R):5'-GGACCCAGACCAGGTTCCACC-3'
P18	umc1492y13	左引物 (L):5'-GCGGAAGAGTAGTCGTAGGGCTAGTGTAG-3' 右引物 (R):5'-AACCAAGTTCTTCAGACGCTTCAGG-3'
P19	umc1432y6	左引物 (L):5'-GAGAAATCAAGAGGTGCGAGCATC-3' 右引物 (R):5'-GGCCATGATACAGCAAGAAATGATAAGC-3'

续表

引物编号	引物名称	引物序列
P20	umc1506k12	左引物 (L):5'-GAGGAATGATGTCCGCGAAGAAG-3' 右引物 (R):5'-TTCAGTCGAGCGCCCAACAC-3'
P21	umc1147y4	左引物 (L):5'-AAGAACAGGACTACATGAGGTGCGATAC-3' 右引物 (R):5'-GTTTCCTATGGTACAGTTCTCCCTCGC-3'
P22	bnlgl671y17	左引物 (L):5'-CCCGACACCTGAGTTGACCTG-3' 右引物 (R):5'-CTGGAGGGTGAAACAAGAGCAATG-3'
P23	phi96100y1	左引物 (L):5'-TTTTGCACGAGCCATCGTATAACG-3' 右引物 (R):5'-CCATCTGCTGATCCGAATACCC-3'
P24	umc1536k9	左引物 (L):5'-TGATAGGTAGTTAGCATATCCCTGGTATCG-3' 右引物 (R):5'-GAGCATAGAAAAAGTTGAGGTTAATATGGAGC-3'
P25	bnlg1520K1	左引物 (L):5'-CACTCTCCCTCTAAAATATCAGACAACACC-3' 右引物 (R):5'-GCTTCTGCTGCTGTTTTGTTCTTG-3'
P26	umc1489y3	左引物 (L):5'-GCTACCCGCAACCAAGAACTCTTC-3' 右引物 (R):5'-GCCTACTCTTGCCGTTTTACTCCTGT-3'
P27	bnlg490y4	左引物 (L):5'-GGTGTTGGAGTCGCTGGGAAAG-3' 右引物 (R):5'-TTCTCAGCCAGTGCCAGCTCTTATTA-3'
P28	umc1999y3	左引物 (L):5'-GGCCACGTTATTGCTCATTTGC-3' 右引物 (R):5'-GCAACAACAAATGGGATCTCCG-3'
P29	umc2115k3	左引物 (L):5'-GCACTGGCAACTGTACCCATCG-3' 右引物 (R):5'-GGGTTTCACCAACGGGGATAGG-3'
P30	umc1429y7	左引物 (L):5'-CTTCTCCTCGGCATCATCCAAAC-3' 右引物 (R):5'-GGTGGCCCTGTTAATCCTCATCTG-3'
P31	bnlg249k2	左引物 (L):5'-GGCAACGGCAATAATCCACAAG-3' 右引物 (R):5'-CATCGGCGTTGATTTCGTCAG-3'
P32	phi299852y2	左引物 (L):5'-AGCAAGCAGTAGGTGGAGGAAGG-3' 右引物 (R):5'-AGCTGTTTGTGGCTCTTTGCCTGT-3'
P33	umc2160k3	左引物 (L):5'-TCATTCCCAGAGTGCCTTAACACTG-3' 右引物 (R):5'-CTGTGCTCGTGCTTCTCTCTGAGTATT-3'
P34	umc1936k4	左引物 (L):5'-GCTTGAGGCGGTTGAGGTATGAG-3' 右引物 (R):5'-TGCACAGAATAAACATAGGTAGGTCAGGTC-3'
P35	bnlg2235y5	左引物 (L):5'-CGCACGGCACGATAGAGGTG-3' 右引物 (R):5'-AACTGCTTGCCACTGGTACGGTCT-3'
P36	phi233376y1	左引物 (L):5'-CCGGCAGTCGATTACTCCACG-3' 右引物 (R):5'-CAGTAGCCCCTCAAGCAAAACATTC-3'
P37	umc2084w2	左引物 (L):5'-ACTGATCGCGACGAGTTAATTCAAAC-3' 右引物 (R):5'-TACCGAAGAACAACGTCATTTCAGC-3'
P38	umc1231k4	左引物 (L):5'-ACAGAGGAACGACGGGACCAAT-3' 右引物 (R):5'-GGCACTCAGCAAAGAGCCAAATTC-3'
P39	phi041y6	左引物 (L):5'-CAGCGCCGCAAACTTGGTT-3' 右引物 (R):5'-TGGACGCGAACCAGAAACAGAC-3'
P40	umc2163w3	左引物 (L):5'-CAAGCGGGAATCTGAATCTTTGTTC-3' 右引物 (R):5'-CTTCGTACCATCTTCCCTACTTCATTGC-3'

注：表格引自 NY/T 1432—2014《玉米品种鉴定技术规程 SSR 标记方法》。

第九章　玉米种子质量检测常用仪器的操作

一、光照培养箱操作指南（GTOP-D/B 型）

（一）操作方法

1．参数检查

（1）多段可编程 GTOP-D 型

① 在开机 5 s 后或运行中按一下设定键，时段窗显示变成“01”，且时间窗内的首位数在闪烁，此时所显示的时间、温度、湿度和光照等参数均为第 01 时段的设定值。

② 再按一下设定键，时段窗内变成“02”，时间窗的首位数在闪烁，此时所显示的参数均为第 02 时段的设定值。

③ 再按一下设定键，时段窗内显示“03”，若时间窗的首位为“9”，则说明原程序为两段，再按一下设定键后就返回运行状态；若时间窗的首位数为非“9”，则此时的参数为第 03 段的设定值，检查时可再按动设定键直到时间窗首位出现 9 字后，再按一次设定键便检查结束。若中途不再按设定键，10 s 后也会自动返回运行状态。

（2）智能 GTOP-B 型

① 在开机 5 s 后或运行中按一下设定键，时段窗显示变成“01”（即白天），且时间窗内的首位数在闪烁，此时所显示的时间、温度、湿度和光照等参数均为第 01 时段（即白天）的设定值。

② 再按一下设定键，时段窗内变成“02”（即黑夜），时间窗的首位数在闪烁，此时所显示的参数均为第 02 时段的设定值。再按一次设定键便检查结束。若中途不再按设定键，10 s 后也会自动返回运行状态。

2．参数设定

多段可编程 GTOP-D 型与智能 GTOP-B 型的设定程序基本相同，多段可编程 GTOP-D 型的常用 2 段程控设定步骤如下：

先按一下设定键，时段窗显示出“01”，时间窗的首位数在闪烁。此后可设定第 01 时段的参数，例如您要想使第 01 时段的历时 09 h，温度设定值为 25℃、湿度设定值为 80%RH，光照级为 4 级，则：

（1）按键△▽，使时间窗首位数变成“0”。

（2）按一下▷键，使时间窗左第二位数字在闪烁，然后按△▽键使该数字变成“9”。

（3）再按两下▷键，使箱内温度的十位数在闪烁，然后按△▽键使温度十位数变成“2”。

（4）再按一下▷键，使箱内温度窗内个位数在闪烁，然后再按△▽键使温度个位数变成“5”。

（5）再按两下▷键，使湿度窗内十位数在闪烁，然后再按△▽键，使该十位数变成“8”。

（6）再按一下▷键，使湿度个位数在闪烁，接着按△▽键使湿度个位数为“0”。

（7）再按一下▷键，使光照窗内数显在闪烁，接着按△▽键使光照变成 4 级。

（8）第 01 段参数设定完毕需再按一下[设定]键，此时时段窗显示值由“01”变成“02”。

（9）设定好第 01 段后，用同样方法可设定第 02 段的参数。

（10）第 02 段设定好后，再按一下[设定]键，此时时段窗内显示变成“03”，时间窗首位数在闪烁。随后按△▽键使时间窗首位数变成“9”。

（11）再按一下[设定]键，使显示回到运行状态，即所有显示窗内无闪烁现象，说明两段程控参数已设定完毕。

若您不要多段程控，而只要无期限的一段，则先将第 01 段设置成 24 h，再将第 02 段的历时设定成 9×：××，然后再按一下[设定]键即可。

若要设定三段程控，则将第 4 段的历时设定成 9×：××。

若要设定 *n* 段程控，则将第 *n*+1 段的历时设定成 9×：××。

3．时段切换

参数设定完毕并进入运行状态后，欲使现时工作进入您所需要的时段，则需按若干下[切换]键：每按一下该键，相应前进一个时段。

（二）注意事项

（1）为保证人身安全，电源插座的地线（E）要接大地。

（2）做 10℃以下低温试验时，环境温度不宜太高，箱内外温度的温差不应大于 20℃，以保证气候箱的正常工作。

（3）低温（6℃以下）高湿或低湿都会造成供冷供热室中的蒸发器结冰，因此本仪器会自动终止加湿、除湿功能（即湿度不控制）。用户若有特殊要求可另行协商解决。

（4）由于湿度变送器固有特性，若长期处于 95%RH 以上高湿环境，会使之失灵（一般为湿度显示上限溢出），因此尽量不用 95%RH 以上高湿。

（5）由于加湿器水箱采用真空平衡式供水，故每当水箱脱离底座后，需将底座中的水倒光，以防运行中底座中的水太多而溢入底座内部损坏电子元器件。

二、PCR 仪操作指南（ABI 9700）

（一）PCR 仪控制面板

PCR 仪控制面板如图 9-1 所示。

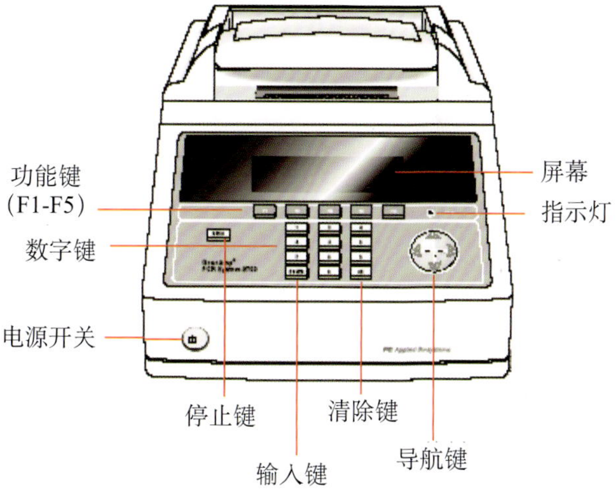

图9-1　PCR仪控制面板

电源开关：打开和关闭仪器的电源。

功能键（F1 ~ F5）：用这些键可以选择其上方显示屏上指出的功能。

数字键：利用这些数字键输入温度、时间等参数。

停止键：终止一个正在运行的程序。

输入键：每输入一个参数（温度、时间等）用 Enter 键确认。

清除键：清除正在输入的信息。

导航键：用上（↑）、下（↓）、左（←）、右（→）键移动显示屏上光标至相应的位置。

（二）操作指南

1. 主菜单与功能菜单

打开仪器电源几秒钟后，仪器即显示如图 9-2 所示主菜单界面：

08:00 AM　　1/25/00　　25.0℃

GeneAmp® PCR Systen 9700

User: <<pe>>

Run	Create	Edit	Util	User
F1	F2	F3	F4	F5

图9-2　主菜单界面

此时可利用功能键进入各个功能菜单：

F1 – RUN：运行一个 PCR 方法；

F2 – Create：建立一个方法文件；

F3 – Edit：编辑一个方法文件；

F4 – Util：机器内置功能菜单；

F5 – User：用户名菜单。建立新方法文件。

2．PCR 程序设置及修改

在主菜单下，按 F2-Create，进入如图 9-3 所示页面：

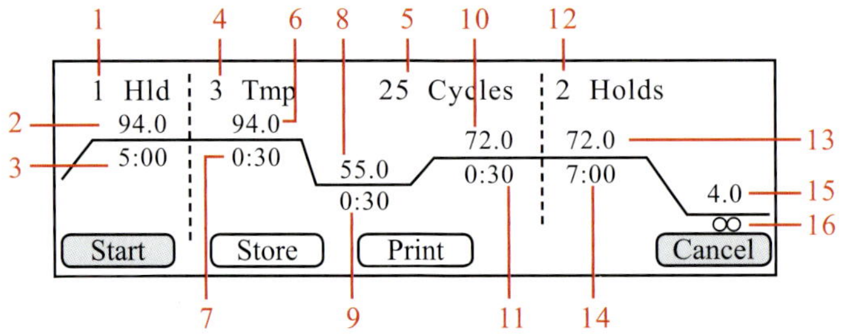

图9-3　循环参数

页面显示的默认的方法由三个部分组成，第一部分 1 Hld 是预保温，94.0，5：00 指的是在 94℃保持 5 min，即横线上方的数值表示温度，下方的数值表示时间；然后是第二部分 3 Tmp 25 Cycles 指此部分是由三个不同温度组成的循环，循环数为 25 个，具体的温度为 94℃保持 30 s，55℃保持 30 s，72℃保持 30 s；然后进入第三部分 2 Holds，由两个保温温度组成，分别为 72℃ 7 min，4℃一直保温。

据自己的需要，对所显示的循环参数进行修改，生成自己的方法，操作如下：

（1）修改各个部分的温度种类　将光标移至上图所示的“1”或“4”或“12”位置，用数字键输入相应的数字即可，对于 Holds 过程，输入 0 表示取消该部分，对于 Cycles 过程，允许的不同温度的阶段数范围为 2 ~ 6，输入数字后再按 Enter 键确认。

（2）修改温度值　将光标移至需要修改的温度处（图 9-3 中的“2”，“6”，“8”，“10”，“13”，“15”处），用数字键输入相应的温度数值，按 Enter 确认，输入的温度范围必须在 4 ~ 99.9 ℃。

（3）修改保持的时间值　将光标移至需要修改的时间上（图 9-3 中的“3”，“7”，“9”，“11”，“14”，“16”处），用数字键输入相应的时间数值，按 Enter 确认，输入的时间范围必须在 00:00 ~ 98:59；当设定保温时间参数时，如想设定为∞，在此位置输入 99 或更大数字即可。

（4）修改循环次数　将光标移至需要修改的循环数上（图 9-3 中的“5”处），用数字键输入相应的循环数值，按 Enter 确认，输入的循环数范围必须在 2 ~ 99。

（5）增加一个保温或循环　将光标移至处于你想插入保温或循环阶段的右边的温度或时间参数处（图 9-3 中“2”，“3”，“6”，“7”，“8”，“9”，“10”，“11”，“13”，“14”，“15”，“16”处），按 F4-More 键，出现如下页面（图 9-4）：

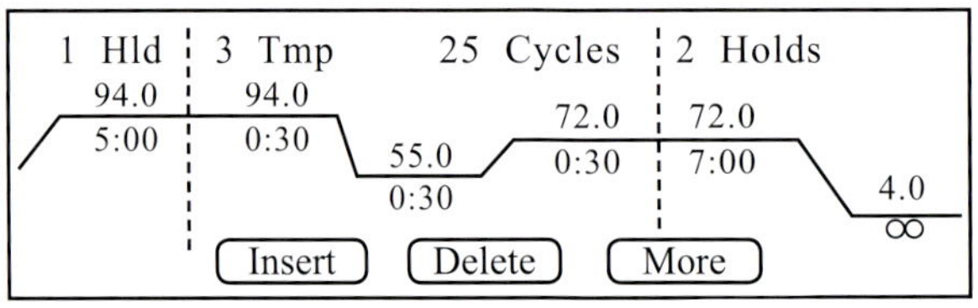

图9-4　增加或删除项目

选择 Insert 增加保温或循环，然后按 Hold 或 Cycle 键插入保温或循环（图 9-5）；

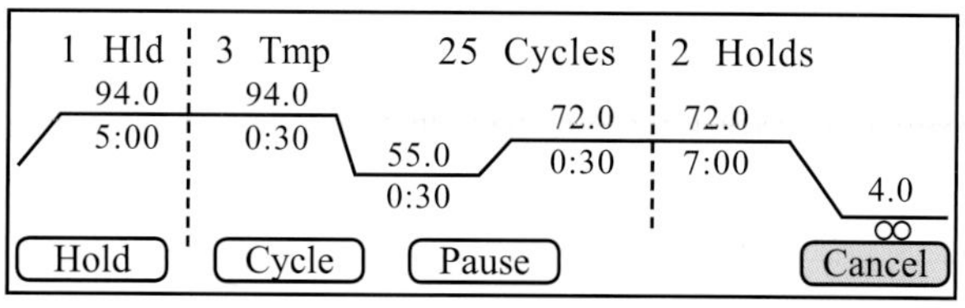

图9-5 增加项目

新增加的程序的温度和时间都是默认的，你可以根据需要进行修改。

（6）删除一个保温或循环 将光标移至处于你想删除的保温或循环阶段的温度或时间参数处（图 9-3 中“2”，“3”，“6”，“7”，“8”，“9”，“10”，“11”，“13”，“14”，“15”，“16”处），按 F4-More 键，出现如图 9-4 所示页面。

按 Delete 即可删除选中的部分。

2．运行 PCR 方法

（1）在主菜单下，按 F1-Run，进入运行功能子菜单（图 9-6）：

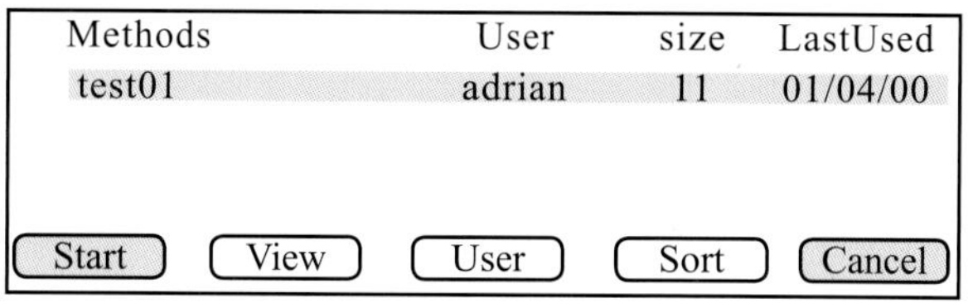

图9-6 运行功能子菜单

（2）用箭头键移动光标选择你所要运行的文件；

（3）如果你对所选的文件的参数没把握，可以按 F2-View 查看所选文件参数；

（4）如果参数正确，按 F1-Start，输入样品的体积（图 9-7）：

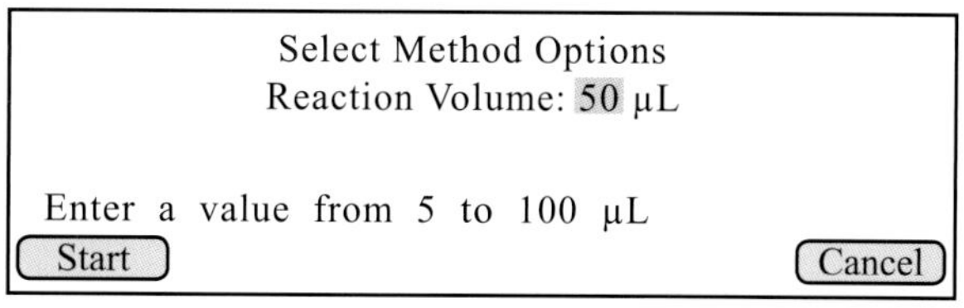

图9-7 样品体积设置

再按一次 F1-Start 开始运行该文件。

程序需要在仪器的热盖到达之后才能开始，如果开始运行时热盖的温度还没有达到指定温度，将会出现图 9-8 所示界面，在热盖温度到了 103℃之后再进入运行界面（图 9-9）。

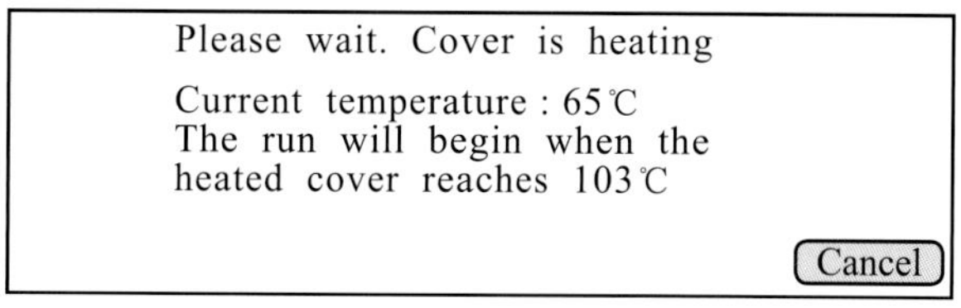

图9-8 等待热盖升温界面

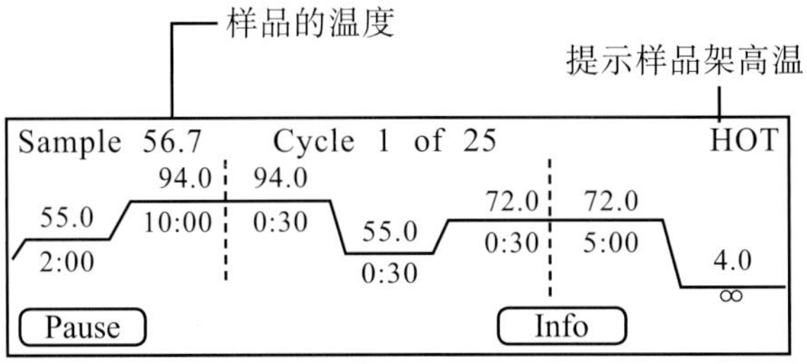

图9-9 运行界面

运行过程中你可以按 F1-Pause 暂停程序的运行，或者按 Stop 退出程序。

如果你中途需要暂停程序，按 F1-Pause，出现图 9-10 所示界面，此时样品的温度会一直维持在暂停时的温度，直到你按 F1-Resume 继续运行，系统默认的暂停时间是 10 min，如果你 10 min 之内没有继续，系统会自动继续运行程序。

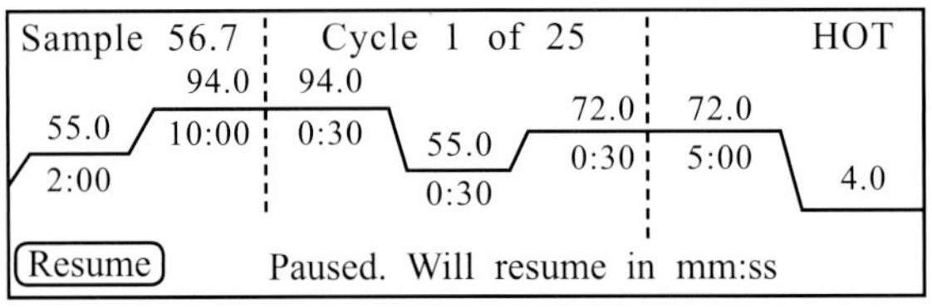

图9-10 暂停界面

如果你想退出程序，按 Stop，然后再按一次 Stop 确认，即可退出到结束界面（图 9-11）。

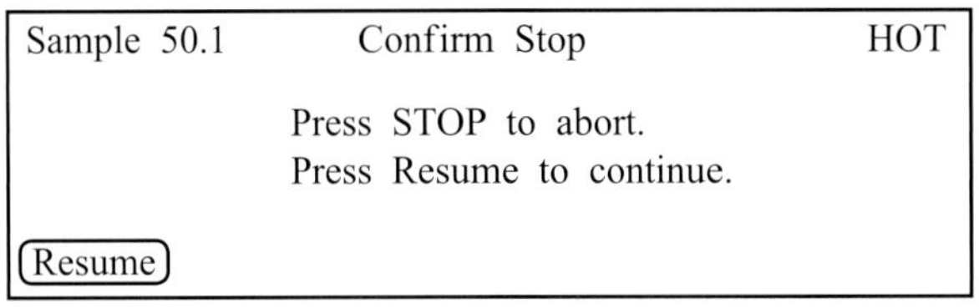

图9-11 结束界面

（5）程序运行结束后，屏幕将出现如下界面，显示运行的情况（图 9-12）。

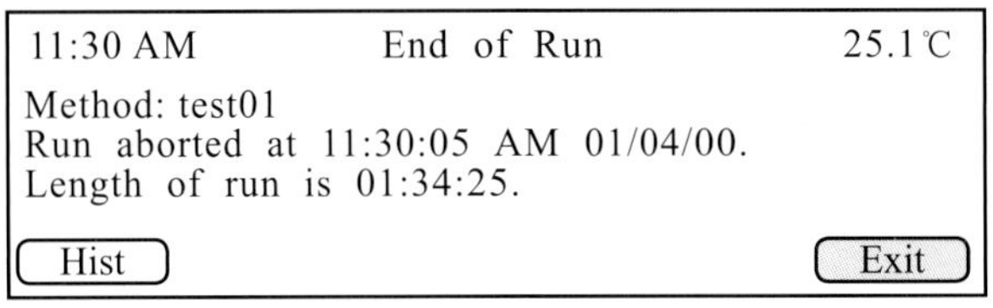

图9-12 运行结束界面

（6）按 F5-Exit 按钮退出时，软件会提示你是否需要保存程序，需要则按 F2-Store，否则按 F5-Exit（图 9-13）。

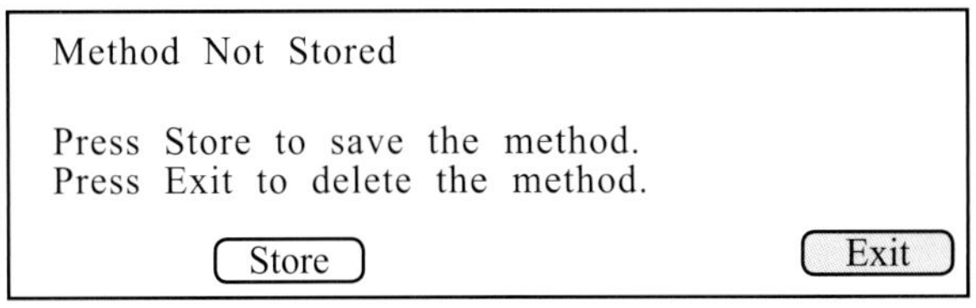

图9-13 退出界面

（三）PCR 仪安装运行条件及注意事项

（1）PCR 仪可在 5 ～ 40℃的环境下使用，最适环境温度为 15 ～ 30℃，严禁在低于 5℃的环境下开机。环境湿度范围为 20% ～ 80%。

（2）PCR 仪的电源必须电压稳定，范围在（220±5）V，而且接地良好（零线与地线之间的电压应当小于 3 V）。电源插头必须使用带有地线的三线插头，电压的波动及不良的接地都会直接影响 ABI 9700 的使用寿命。

（3）拆卸样品基座时应将仪器的电源关闭，并将电源插头拔下，拆卸要小心，以免不正确的操作损坏样品基座。

（4）PCR 仪 ABI 9700 的左边、右边和底部有通风口，为保持通风口的通畅，左、右及后三面必须离开墙壁 10 ～ 15 cm，不要在仪器的周围堆放杂物。

三、电泳槽及电泳仪操作指南（JY-SCZ7、JY-ECP3000）

（一）电泳槽（JY–SCZ7）操作指南

（1）取出灌胶模具，打开封底盘至完全开放的状态，松开两侧螺丝，向外侧打开夹子。

（2）取长方形和带凹槽的长玻板各一块，从内到外依次按带凹槽玻板及长方形玻板的顺序排列，玻璃板间形成一薄层空隙，注意正确排列以防漏胶。

（3）短玻板朝外将组装好的玻璃板放入模具中，检测玻璃板的底是否紧靠底面，旋紧螺丝，将封底盘锁至密闭状态。

（4）将模具放在桌面上准备灌胶。根据需要配制一定浓度的分离胶和浓缩胶，灌胶后轻轻插入梳子，待胶聚合后，拔出梳子，用电泳缓冲液清洗加样槽，去除未聚合的胶。

（5）模具放入电泳槽中。

（二）电泳仪（JY–ECP3000）操作指南

1．设置程序

（1）当连接好电泳槽后，接通电源开关即可进入停机 / 设置状态；

（2）按“↑”键或“↓”键，可修改闪动位置的极限设置参数；

（3）按“ENT”键，选择电压 U、电流 I、功率的设置换挡。

2．输出

（1）在停机 / 设置状态下按“RUN / STOP”键，使电泳仪输出；

（2）液晶屏幕显示输出电压、电流、功率 *、运行累计时间。

3．停机

（1）在运行状态下按“RUN / STOP”键，返回停机 / 设置状态；

（2）如果定时时间到，显示“END”并自动停机，按“RUN / STOP”键，返回停机 / 设置状态。

4．编辑

在停机 / 设置状态下连续按“EDIT”键即可进入编辑状态中的：

→程序储存状态“SAVE [X]”按“EDIT”键

→ 程序选择状态“LOAD [X]”按“EDIT”键

→ 定时设置状态“× × ： × ×”按“EDIT”键

→ 编辑选择状态“QUIT”

（1）在“SAVE [X]”程序储存状态下：

① 按“↑”键或“↓”键，可选择 0 ～ 9 储存程序编号；

② 按“ENT”键，使程序储存并返回停机 / 设置状态；

③ 按“EDIT”键，放弃程序储存，进入程序选择状态。

（2）在“LOAD [X]”程序选择状态下：

① 按“↑”键或“↓”键，可选择 0 ～ 9 储存程序编号；

② 按“ENT”键，使程序调出并返回停机 / 设置状态；

③ 按“EDIT”键，放弃程序选择，进入定时设置状态。

（3）在“QUIT”编辑选择状态下：

① 按“ENT”键退出编辑，返回停机 / 设置状态；

② 按“EDIT”键，重复进入编辑状态。

（三）注意事项

（1）电泳槽每次用完后立即清洗，灌胶模具和玻璃板先用自来水洗干净，再用蒸馏水冲一遍后放在架子上晾干。

（2）扣紧或打开灌胶模具时要用力均匀，以免压坏玻璃板。

（3）电泳仪通电进入工作状态后，禁止人体接触电极、电泳物及其他可能带电部分，也不能到电泳槽内取放东西，如需要应先断电，以免触电。同时要求仪器必须有良好接地端，以防漏电。

（4）仪器通电后，不要临时增加或拔除输出导线插头，以防短路现象发生，虽然仪器内部附设有保险丝，但短路现象仍有可能导致仪器损坏。

（5）在总电流不超过仪器额定电流时（最大电流范围），可以多槽关联使用，但要注意不能超载，否则容易影响仪器寿命。

（6）使用过程中发现异常现象，如较大噪声、放电或异常气味，须立即切断电源，进行检修，以免发生意外事故。

四、电子分析天平操作指南（赛多利斯 BS-224s）

（一）操作方法

（1）调整地脚螺栓高度，使水平仪内空气气泡位于圆环中央。

（2）开机接通点源，按开关键直至全屏自检。

（3）预热天平在初次接通电源或长时间断电之后，至少需要预热 30 min。为取得理想的测量结果，天平应保持在待机状态。

（4）首次使用天平必须进行校正，按校正键，天平将显示所需校正砝码质量，放上砝码直至出现 g，校正结束。

（5）称量使用除皮键，除皮清零。放置样品进行称量。

（6）关机天平应一直保持通电状态，不使用时将开关键至待机状态，可延长天平的使用寿命。

（二）注意事项

（1）当天平移动后，开机前必须调整支脚螺栓，使天平处于水平状态，且不能马上开机，需要在新环境中达到平衡。

（2）天平应该放置在无振动气流、热辐射和含腐蚀性气体的环境中。

（3）不允许连续校准天平。

（4）在任何条件下都不能向称量盘吹气，只能用软毛刷清扫称量盘。

五、pH 计操作指南（梅特勒 FE20）

（一）使用方法

1．开机前的准备

将 pH 复合电极电极架插入电极架插座中；将 pH 复合电极安装在电极架上；将 pH 复合电极保护套拔下，并且拉下电极上端的橡皮套使其露出上端小孔；用蒸馏水清洗电极。

2．标定

pH 计使用前首先要标定。一般情况下 pH 计在连续使用时，每天要标定一次。

（1）开启电源开关，短按 “设置” 键，当前 MTC 温度值闪烁，按“读数”键确定。当前预置缓冲液组闪烁，使用“△”“▽”键来选择想使用的缓冲液组，一般我们选择 B3 组，按“读数”键确定。

（2）把用蒸馏水或去离子水清洗过的复合 pH 电极插入 pH 6.86（或 pH 4.00，或 pH 9.18）的标准缓冲溶液中，按“校正”键开始校正，校准和测量图标将同时显示。在信号稳定后仪表根据预选终点方式自动终点（显示屏显示 A）或按“读数”键手动终点（显示屏显示 A）。

（3）把用蒸馏水或去离子水清洗过的电极插入 pH 4.00（或 pH 9.16；或 pH 6.86，但不能第一次校正采用相同 pH 的标准缓冲溶液）的标准缓冲溶液中，按“校正”键开始下一点校正，在信号稳定后仪表根据预选终点方式自动终点或按“读数”键手动终点。按“读数”键后，仪表显示零点和斜率，同时保存校准数据，然后自动退回到 pH 测量画面。

3．样品 pH 测量

（1）用蒸馏水清洗电极头部，再用被测溶液清洗一次。

（2）把电极浸入被测样品溶液中，用玻璃棒搅拌溶液，使其均匀，并按“读数”键开始测量，画面上小数点闪动。自动测量终点是仪表的默认设置。当电极输出稳定后，显示屏自动固定，并显示样品溶液的 pH。

（3）按住“读数”键，可以在自动和手动测量终点模式之间切换。要手动测量一个终点，可按 “读数”键，显示屏固定并显示“A”。

（二）注意事项

（1）电极在测量前必须用已知 pH 的标准缓冲溶液进行定位校准，其 pH 愈接近被测 pH 愈好。

（2）在每次校准、测量后进行下一次操作前，应该用蒸馏水或去离子水充分清洗电极，再用被测液清洗一次电极。

（3）取下电极护套后，应避免电极的敏感玻璃泡与硬物接触，因为任何破损或擦毛都将使电极失效。

（4）测量结束及时将电极保护套套上，电极套内应放少量外参比补充液，以保持电极球泡的湿润，切忌浸泡在蒸馏水中。

（5）复合电极的外参比补充液为 3 mol/L 氯化钾溶液，补充液可以从电极上端小孔加入，复合电极不使用时，拉上橡皮套，防止补充液干涸。

（6）电极的引出端必须保持清洁干燥，绝对防止输出两端短路，否则将导致测量失准或失效。

六、谷物水分测量仪操作指南（PM-8188）

（一）测量准备

（1）从主机上取下料斗和样品杯。

（2）装上干电池，该测量仪的电源使用 4 个 5 号电池。将 5 号电池正确装在电池室，正负极一致。

（3）由于内部装有电子天平，请将其放置在无风、无震动的水平面上使用。如该仪器用手持的情况下或者在有风或震动的地方使用，将会影响测量的精密度或根本无法测量。

（4）准备好测量的样品，使样品与测量仪的温度相吻合。

（二）测定方法

1．接通电源

按开关键后，LCD 显示约 3 s，然后品种编号、品种名称、“TIMES”（测量次数）和“% ”将显示出来，该仪器产生异常情况时将显示错误信息，此时请参考“10. 错误显示”部分。

2．品种选择

按选择键，每按一次，品种编号将增长一位数。品种编号的 12 以后是 1。品种编号在电源切断后也将自动被储存，再次接通电源时将显示电源切断前的品种编号。

3．将样品装入样品杯

将料斗套在样品杯上，装入样品，装满后水平移动料斗，多余的样品被料斗水平刮掉，使样品量刚好达到一杯。

4．将样品倒入仪器的测量部

按测量键，小数点将间隔闪亮，由于在此时间里电子天平在调整零点，因此请不要触摸或震动仪器。

“POUR ”间隔闪亮后，开始倒入样品，瞄准测量部的中心在 5 ～ 6 s 内迅速将样品连续投入测量杯，如果中途停止的话，电子天平将认为投入结束，而立刻计量，此时如再投入样品，仪器不能进行正确的测量。 投料时要使样品表面呈水平状态 。

“POUR ” 消失，小数点闪亮 4 次后，显示水分值和测量次数。

“POUR ” 消失，小数点间隔闪亮时，仪器正在进行计量，因此，此时即使样品有撒漏也不要再投入，否则不能进行正确测定。

注：水分值超出测量范围时，比测量范围高时显示“FFF ”。比测量范围低时显示“AAA”。

5．倒掉样品

此时水分值的显示保持不变，继续测量时，从“3 ”将样品装入样品杯起重新开始。

（三）平均值的显示

按平均键后显示平均值，测量次数在 2 ～ 9 次时，按平均键将显示平均值及测定次数，按平均键后，再测定水分时，测量次数将从 1 开始。

七、电导率仪操作指南（FE30）

梅特勒 - 托利多实验室电导率仪（FE30）是实验室电导率测量仪器，它除能测定一般液体的电导率外，还能满足高纯水放入电导率的测量需要。仪器有 0 ～ 10 mV 信号输出，可接自动电子电位差计进行连续记录。

（一）操作指南

（1）打开主机电源预热 30 min 后进行校准。

（2）按“设置”键，MTC 温度值闪烁，按“读数”键确定。

将电导电极放入相应的标准溶液中按“校准”键开始校准。

（3）测量。将电极放入待测样品中然后按“读数”键开始测量，测量时小数点闪动，显示屏显示样品的电导率值。按住“读数”键可在自动和手动测量重点判断方式之间切换。在手动终点判断方式下可以按“读数”键终止测量。自动测量终点算法的原理：当所测样品的电导率值与 6 s 内仪器测得的电导率平均值之差不超过 0.4 时确定测量终点。

（二）操作注意事项

（1）为确保测量精度电极使用前应用小于 0.5 μS/cm 的蒸馏水或去离子水冲洗两次，然后用被测试样冲洗三次方可测量；

（2）电极插头座绝对防止受潮以免造成不必要的测量误差；

（3）电极应定期进行常数标定。

参考文献

1．杜清福，贾希海，等．不同类型玉米种子活力检测适宜方法的研究．玉米科学，2007, 15(6): 122-127.

2．高荣岐，张春庆．种子生物学．北京：中国农业出版社，2009.

3．国际种子检验协会.1996 国际种子检验规程．北京：中国农业出版社，1999.

4．胡晋，等．种子生活力测定原理和方法．北京：中国农业出版社，2009.

5．李晓辉，李新海，等．SSR 标记技术在玉米杂交种种子纯度测定中的应用．作物学报，2003,1(29):63-68.

6．农业部全国农作物种子质量监督检验测试中心．农作物种子检验员考核学习读本．北京：中国工商出版社，2006.

7．全国农作物种子标准化技术委员会，全国农业技术推广服务中心．《农作物种子检验规程》实施指南．北京：中国标准出版社，2000.

8．王凤格，赵久然，等．适于玉米杂交种纯度鉴定的 SSR 核心引物的确定．农业生物技术学报，2007,15 (6): 964-969.

9．王凤格，赵久然，等．中国玉米新品种 DNA 指纹库建立系列研究 I．玉米品种纯度及真伪鉴定中 SSR 技术标准实验体系的建立．玉米科学，2003,11(1):3-6.

10．王凤格，赵久然，等．中国玉米新品种 DNA 指纹库建立系列研究III．多重 PCR 技术在玉米 SSR 引物扩增中的应用．玉米科学，2003,11(4):3-6.

11．徐本美，等译．种苗评定与种子活力测定方法手册．北京：北京农业大学出版社，1993.

12．颜启传．种子检验原理和技术．杭州：浙江大学出版社，2001.

13．颜启传．种子学．北京：中国农业出版社，2001.

14．颜启传，等．种子活力测定的原理和方法．北京：中国农业出版社，2006.

15．杨念福．种子检验技术．北京：中国农业大学出版社，2012.

16．尹燕枰，董学会．种子学实验技术．北京：中国农业出版社，2008.

17．张春庆，王建华．种子检验学．北京：高等教育出版社，2006.

18．赵久然，郭景伦，等．利用 DNA 指纹鉴定玉米杂交种纯度及其真伪技术的研究．玉米科学，1999，7(1): 9-13.

19．赵久然，王凤格，等．中国玉米新品种 DNA 指纹库建立系列研究 II．适于玉米自交系和杂交种指纹图谱绘制的 SSR 核心引物的确定．玉米科学，2003,11(2):3-5,8.

20．DB11/T 507—2007, 玉米品种纯度及真实性 SSR 分子检测方法．

21．GB/T 3543.1—1995, 农作物种子检验规程：总则．

22．GB/T 3543.2—1995, 农作物种子检验规程：扦样．

23．GB/T 3543.3—1995, 农作物种子检验规程：净度分析．

24．GB/T 3543.4—1995, 农作物种子检验规程：发芽试验．

25．GB/T 3543.5—1995, 农作物种子检验规程：真实性和品种纯度鉴定．

26．GB/T 3543.6—1995, 农作物种子检验规程：水分测定．

27．GB/T 3543.7—1995, 农作物种子检验规程：其他项目检验．

28．GB/T 8170—2008, 数值修约规则与极限数值的表示和判定．

29．NY/T 1432—2014, 玉米品种鉴定技术规程 SSR 标记方法．

30. Amarjit S. Basra. Handbook of seed science and technology. New York : Food Products Press, 2006.

31. Balesevic-Tubic, S., Tatic, M., Miladinovic, J, Malencic, D. Lipid peroxidation and activity of superoxide dismutase associated with natural aging of oil maize seed. Presentation ISTA Seed Symposium, Budapest, Hungary, 2004.

32. Bormuth, C. D. Precision and ambiasedness of an oven method and Karl Fischer-titration to determine the seed moisture content. International Agrophysics, 1994, 8:191-195.

33. Bowden, P.J. Comparison of three routine oven methods for grain moisture content determination. Journal of stored Product Research, 1984,20(2):97-106.

34. Boyce,K.G. Report of the ISTA Seed Moisture 1992—1995. Seed Science and Technology, supplement,125-126.

35. Boyce,K.G. Report of the ISTA Seed Moisture 1995—1998. Seed Science and Technology, supplement,177-180.

36. Burris J S, Navrati R J. Relationship between laboratory cold-test methods and field emergence in maize inbreds. Agronomy Journal, 1979, 71(6): 985-988.

37. Chen,C.C. Tsao C-T. Study on the performance of electrical grain moisturemeters. Journal of agric. Research of China. 1993,42:430-445.

38. Chunwondse, J. ,G. B. Martin and S. D. Tanksley. Pre-germination genotypic screening using PCR amplification of half-seeds.1993,86(6):694-698.

39. Ellis, R.H., Hong, T.D., Roberts, E.H. Seed moisture content, storage viability and vigor. Seed Science Research,1991,1:275-279.

40. Freppon, J.T., Martin, S.K.S. selection for low ear moisture in Corn, using a hand-held meter. Crop science,1992, 4(32):1062-1064.

41. Grabe, D.F. Development of standardized moisture testing methods for seed crops. Search, 1990,26:2-7.

42. Harry Nijënstei, Jette Nydam. ISTA Handbook on Moisture Determination. First Edition, International Seed Testing Association, Bassersdorf, Switerland. 2007.

43. Heit, C. E. The excised embryo method for testing germination of dormant seed. Proc. Assoc. Off. Seed Anal.1995,45:1008-1117.

44. ISTA. International Rules for Seed Testing. 2012 edition. The International Seed Testing Association. Bassersdorf, Switerland. 2012

45. ISTA. International Rules for Seed Testing. Seed Sci. and Technol. 1999,27:279-281.

46. Jackson D S, Rooney L W, Kunze O R, et al. Alkaline processing properties of stress-cracked and broken corn (Zea mays L.). Cereal Chem, 1988, 65(2): 133-137.

47. Kulik M M, Yaklich R W. Evaluation of vigor tests in soybean seeds: Relationship of accelerated aging, cold, sand bench, and speed of germination test to field performance. Crop Science, 1982, 22(4): 766-770.

48. L.M. Reid, X. Zhu, et al. A Non-Destructive Method for Measuring Maize Kernel moisture In a Breeding Program. Maydica, 2010,55: 163-171.

49. Leendertz,K. The determination of moisture in seeds. Proceedings International Seed Testing Association. 1948,14(1): 38-46.

50. LINDSAY A. TURNBULL, CLOÉ PAUL-VICTOR, et al. Growth Rates, Seed Size, and Physiology: Do Small-Seeded Species Really Grow Faster? Ecology, 2008, 89(5):1352–1363.

51．LoÏc Rajjou, Manuel Duval, et al. Seed Germination and Vigor. Annu. Rev. Plant Biol. 2012. 63:507–33.

52．M.B. McDonald, L.O. Copeland. Seed science and technology：laboratory manual. First Edition. Iowa State University Press, 1989.

53．Ma F, Cholewa E W A, Mohamed T, et al. Cracks in the palisade cuticle of soybean seed coats correlate with their permeability to water[J]. Annals of Botany, 2004, 94(2): 213-228.

54．Magari R., M.S. Kang, Y. Zhang, 1996 Sample size for evaluating field ear moisture loss rate in maize. Maydica, 41: 19-24.

55．Mcdonald, M.B. , J. Sullivan, and M. J. Lauer. The pathway of water uptake in maize seeds. Seed Sci.& Technol.,1994,22:83.

56．McDonough C M, Floyd C D, Waniska R D, et al. Effect of accelerated aging on maize, sorghum, and sorghum meal. Journal of cereal science, 2004, 39(3): 351-361.

57．Miller B. McDonald et al. Seed Technologist Training Manual.

58．Munamava M R, Goggi A S, Pollak L. Seed quality of maize inbred lines with different composition and genetic backgrounds. Crop science, 2004, 44(2): 542-548.

59．Paynter, L.N., Hurburgh, C.R. An evaluation of reference methods for corn moisture determination. Iowa Seed Science. 1983,5(2):1-2.

60．Powell A.A., Matthews, S. Controlled deterioration vigour test. Seed Testing International. 2005,129:21-24.

61．Svien T A, Isely D. Factors affecting the germination of corn in the cold test. Proceedings of the Association of Official Seed Analysts. 1955: 80-86.

62．Tang, S., Tekrony, D.M., et al. Determination of high seed moisture in maize. Seed Technology. 2000,22:43-55.

63．TeKrony, D. M. and J. Woltz. Standardization of the cold test for corn seed. Proceedings Corn and Sorghum Research Conference.1995,52:206-227.

64．Tetrazolium Committee of the International Seed Testing Association. Handbook on tetrazolium testing. Zurich: ISTA.1985.

65．The ISTA Germination Committee. ISTA Handbook on Seeding Evaluation. Third Edition with Amendments 2009. The International Seed Testing Association. Bassersdorf, Switerland.2011.

66．The ISTA Purity Committee. ISTA Handbook on Pure Seed Definitions. Third Edition. The International Seed Testing Association. Bassersdorf, Switerland. 2010.

67．Tillman, M.A.A., Cicero, S.M.. Comparison between the oven and the Karl Fisher methods for the determination of the moisture content of maize (Zea mays L.) and soya (Glycine max Merill) seeds. Sci. Agric., 1996,53.

68．Wold, A. Developments and problems in sampling seeds. Proc. Int. Seed Test. Ass.1986,33:223-227.

69．Woltz J M, TeKrony D M. Accelerated aging test for corn seed. Seed Technology, 2001: 21-34.